吳常熙著

勝利之鑰

三民書局印行

中華民國六十七年一月初版

勝利之鑰

基本定價貳元貳角貳分

著作者 吳常熙
發行人 劉振強
出版者 三民書局股份有限公司
印刷所 三民書局股份有限公司
臺北市重慶南路一段六十一號
郵政劃撥九九九九八號

行政院新聞局登記證局版臺業字第〇二〇〇號

吳常熙著

勝利之鑰

谷正綱題

序

人類最大的威脅就是人類本身所製造的戰爭。古往今來聖哲讜論，莫不以消滅戰爭締造和平爲宗旨。可是數千年來，戰禍史不絕書。這就說明人類尚未能把握永久和平。不得已而思其次，只有在戰爭中求得勝利，以永保國族與文化。所以麥克阿瑟元帥曾高呼：「在戰爭中，勝利是無可代替的。」自民國三十八年共匪竊據大陸後，侵略戰爭日復一日威脅自由世界。自由世界人世爲應付戰禍威脅，曾作種種抵抗。時至今日已近三十年，自由世界作被動之應付者十之八九。提出勝利之追求者，十不一二。處在戰爭威脅中，而不追求勝利；這是世界性的悲劇。更有進者，戰爭雙方的立場有相似者，有分順逆者。今日自由世界爲維護人權與和平；而敵爲摧殘人權與和平。自由世界勝，則人類可步向大同，享受永久之和平。敵人如果勝利，則人類同爲極權者奴役。所以無論衡之天理人情與歷史發展，皆我順敵逆，是我自由世界之追求勝利實乃理所當然。可是自中日戰後由於馬歇爾來華強行三人小組之「談判」，及蘇俄在我東北地區乘機編訓百萬精粹匪軍，而造成中國大陸之赤化後，極權侵略日恣凶鋒，而自由世界日趨迷惘徬徨，其故果安在？因素雖多，而不求勝利乃主要因素。本身不求勝，勝安可得？

吳君常熙素精戰史，飽經戰亂；自民國五十五年越戰昇高，即全心注意世局，深究勝敗之理，作系統之研究。渠發現自越戰起，因敵對雙方均握有足夠毀滅世界之熱核子武器，致使雙方均不敢作武力決戰；因而導使人類鬥爭進入當代戰爭型。——彈性戰、綜合性戰與隱形戰之複合型戰爭。並發現中國古兵學爲極能適應此類型戰爭之學理。因而提倡發揚中國古兵學，力主中國古兵學之近代化可以贏取自由世界之勝利。今挑選其十二年之著作合爲一編，名之曰

「勝利之鑰」，付印出版。

其實中國古兵學之所以能適應此類型戰爭之指導，就是因爲戰爭向已具有吳君所謂「彈性」、「綜合性」與「隱形性」也。只是洋人未曾早見，而吾中國古代兵家大政治家與大學問家早已認識戰爭之此類特性，且亦早已運用自如，從中國歷代戰史中，可找到許多例證。至我中國近代言，我 先總統蔣總裁對歷次之戰爭，均能把握上述三種特性而作卓越之指導。總裁復於論國防及對三軍大學論戰略之兩篇訓詞中，明確指示：國防管理卽戰爭指導；國家戰略之責任一爲民生建設，一爲戰爭指導；二者均須發揮政治（內政與外政）、經濟、心理與軍事四力之整體功能；且於歷次訓詞中提示我們注意三分軍事外的七分政治作戰（含政治、經濟與心理）；三分物理外的七分心理作戰；三分國力外的七分鬥智；三分敵前外的七分敵後；與三分會戰行動外的七分間接路線，那裏面都已涵蓋了對吳君所論述的三種戰爭型態。惟吳君能作進一步而就這三種型態的戰爭指導作詳盡的分析，實爲一個有參考價值的良好研究。

吳君對中國古兵學鑽研頗爲深入。此著中有專章闡明「勝負原理」與「制勝術」。對於孫子所謂：「修道保法，先爲不可勝以待敵之可勝，以及奇正相生，出奇不窮，形人而我無形。」皆有精闢而近代化之系統闡述，以及此項原理原則如何實用於國家戰略及大戰略方面均作具體說明，而歸根於道勝。以戰略與王道相結合爲中國古兵學精義，而爲反共反極權侵略之自由世界提供爭取勝利之方法與道路。其目光銳利，見解獨到，殊堪贊許。其提出勝利之追求，尤爲適時警鐘。——自由世界人士之智慧與力量本來超過極權世界；如果自由世界人士及時警醒，齊心合力，追求勝利，則勝利必屬於自由世界。書中所用之若干術語，以及戰略之區分與運用，近年來雖已有許多變更，讀者尚須自作新舊之對照，以利當今之作業，惟本書所用者已爲一般習俗所熟悉之術語，在文意之瞭解尚無妨碍耳。因於其刊行，特爲序其端。

蔣緯國

序

軍事、政略與外交爲戰爭之三叉，三者配合適宜，則勝算多，此自古謀略家之所講求，而於今日則需要尤爲迫切。以今世局論，自由世界之人才物力遠過於共產集團，然自越戰迄今，每受共產集團威脅，則吾人於謀略之講求誠刻不容緩也。

今日世界各國皆知以外交與政略配合軍事，而講求其戰略與戰術；但鮮有三叉合一之戰略原理原則。吳君常熙，少好戰史，每常過從，輒聞其縱談中國古兵學中，有上項統一原理。其說謂：以「形人而我無形」爲要求，以「因敵制勝」爲條件，以「奇正（捭闔）互變」爲方法，而以「察敵我潛形，掌握制勝之要素，以求先知先勝」爲要領。而歸根於戰略與王道相結合，以仁伐暴，不戰而屈人之兵。蓋精通於韜略、孫、吳、鬼谷之術與戰史者也。

吳君於詹森總統昇高越戰時，驚嘆美方在越戰謀略上錯誤，而慮其將敗挫而自越南撤退。曾著孫子精義，以中國古兵學批判越戰。此書由幼獅出版，其所預測越局之悲劇，一一皆中，蓋眞能察潛形而先知，非徒口耳記誦，掉書袋者也。自玆（五十五年）而後，益專心作系統研究，迄今已十餘年，玆應友人敦促，擇要付刋，名爲勝利之鑰。拜讀原稿，深佩其方法嚴謹而近代化，切合實際而能洞澈世局，熔軍事政略與外交於一爐，誠裨益自由世界之南針也。

杭立武

自序

勝利是無可代替的：
它是——
歷史的主人
天演的驕子
文明的創造者
但「純暴力的勝利，則可能一無所有。」

自由世界已經三十多年沒有勝利的聲音了，我們不要只知埋怨盟友們消沈，須知盟友們是敗挫了纔會消沈。只要你能爲他們打開勝利之門，他們自然會抖擻邁進。我們不要只知撿拾敵人的破爛，須知用敵人的方法永不能戰敗敵人。自由世界需要的是掌握勝利之鑰。自由世界需要的是澈底打敗敵人的方法。我以五十年的學習揣摩，十二年的系統研究；肯定地提出我的結論：中國古兵學是王道與戰略的結晶，更是最能適應當代戰爭的理論，因而是擊敗共產極權主義者的絕對有效的法寶。這不是神秘的預感，更不是哄人的口號，這其中有嚴肅的道理。爲了闡明這種道理，我決心出版這本書，而名之曰勝利之鑰。我之系統地研究這一道理起於民國五十四年，是由當時越戰觸發的。

―越戰是兵學的試金石―

何以强大的美國敗挫於北越及越共呢？自由世界爲此震驚、迷惑而迄今尙無定論。越戰引起我的驚訝和注意，是在詹森總統增兵超過三萬以後，因爲我發現詹森總統對越戰完全沒有基本估計（廟算）。詹森如果認爲越戰爲必爭之戰，則何以唱出不求勝利的口號？如果認爲越戰不是必爭之戰，何以又不斷增兵直至55萬？不求勝利與不斷增兵直至數十萬，根本矛盾。不求勝利的戰爭，就是純防禦戰，必須能持久，要能持久，必需節約兵員。不斷增兵，就不能持久。基本決策就這樣矛盾，發展下去，必致首尾衝決，而至於不可收拾。一個具有近代文明而科學又這樣昌明的國家，何以在這樣重大的戰爭決策上，有這樣的矛盾而不自覺呢？何以知道他不自覺？因爲詹森曾經在對抗反戰言論時，有一句慣用語，「不這麼辦，怎麼辦？」這種打一棒算一棒，走一步算一步的作法決不能用於戰爭，而詹森居然用於戰爭。所有這些是完全不懂兵學的明證，這一發現使我十分震驚。

由於這一發現，所以我決心去探索其中道理。在五十四、五年時，我開始用中國古兵學分析越戰，抽蕉剝筍，肯定判斷美國將由越戰撤退，越南終將淪陷。我的判斷與後來美國布里辛斯基先生所發表的著作的結論—美國人在越戰中遭遇滑鐵盧—完全一樣。所不同者一在事先，一在事後，相差十多年而已。另外，布里辛斯基先生未指出美國在越戰中何以遭遇滑鐵盧，而我發現美國在越戰中失敗是由於不通兵學的原因。更進而發現中國古兵學最能適應當代戰爭，爲擊敗共產極權主義者的法寶。因而我在民國五十七年毅然上書總統　蔣公請以兵學輸美。（復文影印本見附錄）。同時我專心作有關中國古兵學及當代戰爭的著述。迄今十二年完成者計有下列各篇：

⑴孫子精義（五十八年幼獅書局出版）。
⑵論游擊戰與反游擊戰（未發表）。
⑶權書（未發表）。
⑷論中西兵略的優劣（發表於新知識）。
⑸當代戰爭論（曾摘要在戰爭學院講述並在三軍大學學術月刊發表）。
⑹如何贏得自由勝利（在問題與研究發表）。
⑺治平備要（現改名當代政治學精義，發表於新知識，現收入本文）。
⑻當代戰略原理及其運用（現收入本文）。
⑼先知與戰爭之理論綱要（未發表）。
⑽蘇俄戰略管窺（現列入本文）。

今將上列著作刪去繁覆，擇其精要集爲一册，名爲勝利之鑰，企可爲自由世界有識之士一助，更欲藉以就教明哲。

本篇大多係濃縮之品，故無法再作濃縮之介紹。惟將本人特有見解稍作說明，以助讀者尋取線索。

(1)中西兵學各有所長，中國古兵學長於料敵決勝，長於變化，長於綜合性戰爭；西洋兵學長於戰場活動，長於大會戰。但是自熱核子武器爲敵我雙方分享，大會戰有導致雙方使用核子武器的可能，所以不會發生，而當代國際鬥爭趨向變化型、綜合型，所以中國古兵學比西方兵學更能適應。中國古兵學，大略亦可分爲兩派。其一，在不戰而屈人之兵，若姜尙、孫子……其二，爲大殲滅戰，大會戰，若白起、曾國藩……，作者認爲在當代戰爭中應重視第一派。中國古兵學，重視政略、外交、武力戰、三位一體之統一原理及方法，故觀念透澈，運用靈活。若韜略、孫子皆是也。而西方雖亦注重政略、外交、武力戰之配合運用，但各有專著，無統一原理及方法。雖史太林等略有統一法則之闡述，但不及孫子奇正之說之扼要與透澈。中國古兵學因有此項統一原理及善以二分分析法駕馭事實，故能一眼看到底，而能先知，先勝。熱核子武器時代之戰爭處理必先看澈戰爭發展之終結，始可避免危險及失敗。作者之最大努力，即爲對先知先勝之中國古兵學加以闡述，並引用於當代戰爭中。（詳見當代戰略原理及其運用。）中國古兵學中最重要者爲孫子，可惜一百十八家注解及美日譯文均有嚴重漏誤。作者對此加以澈底改正與補充。尤其是對孫子中：「鬥衆如鬥寡形名是也。」中「形名」二字之解釋。及孫子中「奇」「正」二字之解釋有澈底的說明和糾正，關係中國古兵學要義及實用甚鉅。（請參閱拙著孫子精義。）作者將當代戰爭下一特有定義爲「非武力決戰」，包括彈性戰、綜合性戰、與隱形戰。而同時將中國古兵學中對上三種戰所有統一之原理，及戰史中運用之巧妙，扼要說明。總之作者之中心工作在溝通中國古兵學與當代戰爭。

⑵先知於戰爭絕對重要：近代人罕言先知，蓋過份重視歸納法之過也。西方人士對政治及軍事幾乎全不談先知與推斷，而所用全爲歸納法。西方人士視先知爲神秘的預言，而加以鄙視。其實先知的定義乃是此時知道此時以後的事，其所用方法爲理性的推斷，而非神秘的預言。先知在日常生活中經常運用，如今天知道明天所上的課程，確定未來的志向，等……。人類如果沒有先知的安排，則一切活動

的連續性將變成不可想像。先知的由來：*a*資料的顯示，*b*可能性的排列與分析，*c*經驗的重現性，*d*科學的因果律。先知所面對的實際是包涵上列*a b c d*四種因素。例如明天所上的課*a*資料（課表）的顯示。*b*有無更動的可能性的分析。*c*經驗上的體察與肯定。*d*天氣預測明天無中斷上課的天氣。總觀上條所述可知卽明天最易料之事，如上課等，亦必須經過推斷乃可確定。不過因日常習慣了不覺其推斷之存在而已。苟無推斷能力，則下一秒之事，亦無法預知，而人類活動變成暗夜之不可捉摸與解體。推斷之方法雖有歸納法、經驗論、分析法、禪悟法。而最後之斷必賴邏輯。如推斷明天照常上課，實經過邏輯論證明天無改變上課之可能。戰略一刻不可離開先知。知己知彼必在戰爭之先。如在戰爭事實發生後始知己知彼，則毫無用處。例如西方人在越戰後始知不應有越戰，則無益矣。故先知先備則勝，後知後備則敗。

戰略不可違背邏輯，違背邏輯必致失敗。如：拿破崙自述發動征俄之判斷云：「此種嘗試自不免具有危險性，但余仍深信有成功之可能。」既已知其危險，又「

深信」必能成功，其邏輯矛盾，故敗。希特勒派赫司空降飛英，明顯是和英攻俄。可是與英未簽和約前，卽不可謂已和英，而卽與俄開戰；邏輯矛盾致敗。詹森對越戰之基本決策爲不求勝利之戰爭，除前段所指出矛盾外，尙有勝利已外實涵有失敗與和局兩種意義。那麼他所求的究竟是失敗還是和局？中國歷史亦有如此先例：如符堅伐晉說「投鞭可以斷流」。渠所說「流」，未知是「河流」？「溪流」？「淮河之流」？抑「長江之流」？若是長江之流，則投馬亦不能斷，何況投鞭！由上例，可知違背邏輯必致失敗。今人之所以反對先知之說者，不過因「事必先知」爲不可能。凡事預先計算不能完全正確，亦卽不可能將所有因素與因果關係一一逆料無遺。此不但是經驗的結果，而且亦爲科學的結果。雖最精密之儀器尙有偏差，但是吾人不可謂此儀器無用。先知之要求亦然。故孫子曰：多算勝，少算不勝。蔣緯國將軍言，敵我相爭，錯多者敗。此二義同一。蓋多算則少錯，少算則多錯。但如不講求先知，則爲無算，乃必敗之道。孫子說：「知彼知己」又說「先勝而後求戰」皆言從事戰爭必先有勝算。勝算必須先知。明乎此方能明瞭戰爭，明乎此方能明瞭作者對兵學的着眼點。

讀者諸君倘注意上列數點，則提綱挈領，對於瞭解本篇可事半功倍了。

再者，常有人問我：「你爲什麼沒有一字涉及中共的戰略呢？」我的答覆是：「中共的戰略，不過剽竊一些中國古兵學，（所謂人民戰術即流寇戰略），再加以一些辯證法的說明。若精通中國古兵學而能近代化者，不但可以瞭解中共戰略，而且使中共戰略在掌握之中，隨時可以擊破，如不精通中國古兵學則雖知之亦無可奈何。中共慣技在瓦解敵人後方，而其缺點在不知調理自己，乃不知「道勝」者。中國古兵學之精義在戰略與王道結合，故戰勝而日昌。中共蔑棄王道，又安知戰略之旨歸？故彼對外偶有小勝，而其內在則日趨矛盾潰爛不可救藥。」又常有人問我：「欲精通中國古兵學需讀那些書籍？」我的答案是：「必需精讀：韜、略、孫子、鬼谷、吳子、魏繚子；詩經、左傳、論語、老子、戰國策、韓非子、資治通鑑、及廿五史中之戰史與重要文獻。同時必需涉獵西洋兵學乃能較其異而會其通。萬一時間不夠，最少也需精讀：「韜、略、孫子、詩經、左傳、戰國策、韓非子、四史、資治通鑑。不過如果先讀本書，再讀上列諸書，則智珠在握，頭頭是道，此之謂「鑰」。至於觸類旁通，心領神會，則在讀者自己了。因精力所限，文筆簡略，倘有疑難，歡迎函示，當盡力解答。

本書承谷正綱先生賜予題字蔣緯國校長杭立武先生惠賜序言謹此致謝。

作者寄呈 總統 蔣公建議以中國古兵學輸美，蒙張秘書長岳公代復之信函。

4039

總統府用箋

常熙先生大鑒本年四月十五日

惠函敬悉 先生建議以我國兵學輸美以融會中美兵學思想進而統一反

共戰略深具卓識當速陳 大著「老子正義」一併轉呈另承 贈大著一

册已留存拜閱併此致謝復請

台照順頌

時綏

張群 敬復 五十七年四月卅日

（專供公務使用）

總統府用牋

常熙吾兄大鑒本年九月十一日
惠函敬悉另於九月十日上書
總統陳述當前外交策略至佩藎籌業已轉陳
用特復請
音照順頌
時綏

張羣 敬復
六十年九月二十日

美前國務卿魯斯克接到作者寄贈有關「當代戰爭與中國古兵學」着作之回信。

THE UNIVERSITY OF GEORGIA

SCHOOL OF LAW

ATHENS, GEORGIA 30601

February 1, 1977

Chang-hsi WU
The National Assembly
Republic of China
Taipei, Taiwan, China

Dear Chang-hsi WU:

Thank you very much for your most interesting letter of December 19. I am taking the liberty of calling your letter to the attention of some of my friends in the new administration in Washington. It was very good of you to write.

With personal best wishes,

Sincerely,

Dean Rusk

Dean Rusk

本書所用「名辭」的特別說明摘要：

一、當代戰爭：自越戰以後，因熱核子武器分享，武力決戰等於自殺，因而不復存在，而改變爲彈性戰，綜合性戰、隱形戰。

二、彈性戰：昇高、降低、談談、打打。

三、綜合性戰：政治、（包括經濟……）外交、武力混合戰爭。

四、隱形戰：發動戰爭者，戰爭形式，戰果，均隱藏不露。

五、兵學、謀略學、戰略：均爲包涵政略、外交、軍略之綜合名稱，其涵義相似。

六、當代戰略：爲適應當代戰爭之謀略。

勝利之鑰 目錄

第一篇　當代戰略原理及其運用

第一章　前言——兵學大都有時代性

一切兵學大都脫離不了時代性：如孫子十三篇中之火攻篇，對於今日毫無用處。自拿破崙以至第二次大戰之大會戰理論，在今天熱核子武器分享時代，亦不大適用，已爲各國戰略家所共認。這理由非常簡單明瞭，因爲一切大會戰之目標均爲軍事決戰。今日熱核子武器爲敵我雙方分享，軍事決戰等於自殺。戰爭的目標是求勝利不是求自殺，因而今日不能求軍事決戰。既不能求軍事決戰，當然也用不着大會戰，所以大會戰的軍事理論不適用。——自越戰到今天的戰史可爲明證。

在這熱核子武器分享時代，國際鬥爭非但未見終止，而且變本加厲，我們這一代面對這一劇烈的鬥爭，又不能用軍事大決戰，將用何種方法以爭取勝利呢？這就是我所要研究之對象，也就是我這篇當代戰略原理的主題。韓戰初期只有美國有熱核子武器，到越戰時，共產極權國家已經擁有熱核子武器，已經到了熱核子武器分享時代。也就是已經進入不能進行軍事決戰的時代——這一時代就是我所說的「當代」。這一時代將延續多久，我們無法預斷。但是總而言之，一天熱核子武器不失去效用，這一時代就不會終止。也就是說：當人類文明還沒進步到足以控制熱核子武器爆出的可怕的「能」時，這一時代不會中止。人類極可能有一天會將核子彈潛藏的「能」，或爆炸的「能」，於數秒鐘內加以吸收或凍結。那時，文明將進入另一時代，那時代的戰爭，不屬於我這篇理論之內。在我們這個「當代」戰爭，則確屬「非軍事決戰」的。

「非軍事決戰」到底是什麼？是我們首先需要弄清楚的對象，要弄清這個最好先弄清「軍事決戰」。「軍事決戰」有兩個要素：⑴「軍事」，⑵「決戰」。兩者失去一樣，就是「非軍事決戰」。軍事作戰而非無限度的進行以至決戰，或有軍事以外之因素參加決戰都屬於「非軍事決戰」。前者屬於談談打打的「彈性戰」。後者屬於滲透、統戰、外交、經濟……以及軍事組合而從事戰爭的「綜合性戰」。「彈性戰」「綜合性戰」的目標不過是避免「核子武器決戰」的「自殺戰」。另外把「我方」或「決戰的形」隱藏起來，也可以避免自殺，所以「隱形戰」，也屬於「非軍事決戰」，（關於「隱形戰」定義和概念，待後再說）。所以，彈性戰、綜合性戰、隱形戰三者都是非軍事決戰，都是當代戰爭型。這三種戰並非截然分開，而是互相包涵的。如談談打打的「彈性戰」中的「談談」就包涵有「外交」。「綜合性戰」中的「滲透」就包涵有「隱形」，而「隱形戰」中利用第二者打第三者，也含有運用「外交」的「綜合性戰」。所以當代型的「非軍事決戰」的「彈性戰」、「綜合性戰」與「隱形戰」是複合的，是交相爲用的。

研究當代戰爭必需先了解上列各項涵義，而且依據上列涵義，我這篇論文裡所稱戰略，就是指彈性戰、綜合性戰與隱形戰的戰略總稱，而不是專指軍事戰略。

其次：有關火力編配，陸、海、空，聯合作戰，因專屬軍事戰略，不在本篇範圍之內。且西方兵學已有極精湛的研究，本篇從略。本篇專就戰略運用的「勝負估計」與「制勝術」作深入的探討。一般習慣每將戰略劃分爲大戰略、戰略、戰術，本篇一概不分，因本篇所討論之戰略爲彈性戰、綜合性戰、隱形戰，乃一極具變化型，複合型之戰略。其目的卽在政略戰、外交戰、軍事戰中尋找統一勝負原理，故不能分；其次此種統一原理大半出自中國古兵學，中國古兵學之理論—如奇正—小自「哨」「連」級教練以至大戰略上下一貫，故不可分。然究竟於現行一般典籍通例不合，故特加說明。此種戰略一辭在古代謂之「略」，但對一般人似覺生疏。又有人稱爲謀略，似乎不包括軍事行爲在內。故想來想去仍然用「戰略」二字，其義函有政治戰、外交戰、軍事戰的統一原理與方法——所有爭勝之原理與方法均包括在內。

第二章 導論

第一節 戰爭與歷史——戰略的主動性與權威性

戰爭是人類歷史的重要部份，歷史創造戰爭的機會，但戰爭也創造了歷史。氏族與氏族戰，而創造了部落，部落與部落戰，而創造了國家。當然部落與國家的形成，並非全靠戰爭，但是當他形成的那一刹那，大都以戰爭表現之。當然也並非所有的戰爭都爲歷史帶來一個新的形態。（例如許多小的戰爭）。可是任何小的戰爭都是兩個對立的力量的消長，力量消長，也就是歷史形成的過程。所以，我們說戰爭創造了歷史並沒有錯誤。同時，我們更可以肯定的說，每一戰爭必然有它的戰果。不過，這戰果只屬於「勝」的一邊。麥帥說：「在戰爭中，勝利是無可代替的。」這句話是歷史的結晶。

戰爭的機會是歷史所創造，那就是說歷史是主動，戰爭是被動。尤其西方人，喜歡這樣說——「不這麼辦？怎麼辦？」是詹森總統在越戰昇高後，向美國人解釋的名言。不但美國，就是共產集權世界又何嘗不這樣說。他們喜歡說量的變化與質的變化。好像是量的變化到了某一點時，就必然要起質的變化。——革命或戰爭——革命也是一種戰爭。（當然這裡所說革命不是指工業革命，而指像法國革命那些。）如果照他們的說法，水到了一百度必然要起質的變化——沸騰。依照這種說法，戰爭對歷史而言純粹是被動的。對於他們這樣的大膽假說，只要我們細心觀察歷史就覺得這假說不值得一笑。先讓我舉段歷史作例子：秦漢之際，漢高祖在中國形成大一統的帝國，冒頓單于在匈奴也形成大一統的帝國。兩人皆一樣的雄武。兩雄相遇，應該是一百度的水——要沸騰了。可是漢高祖與冒頓單于，並未一拚死活。相反的歷史：南北朝之際，隋在中國形成統一大國，突厥在蒙古也形成了統一大國，兩國終於打起來了，結果突厥臣服。此後唐與突厥也大打起來，突厥也臣服了。可見相似的歷史，有戰有不戰。爲事在人；戰爭並不是完全被動的由歷史造成的。

歷史可以造成戰爭的機會，但機會來了，戰不戰，人仍然有自主權。也許有人認爲，漢高祖時，中國大亂之後異常貧困，所以不能形成戰爭。那請問，唐太宗時還不是異常貧困，當太宗已經平定四夷之後，意欲封禪，魏徵諫阻，太宗問魏徵說：「你諫阻封禪，是因爲天下未太平嗎？」「太平」，「四夷未平定嗎？」「平定」。「那麼爲什麼你不贊成封禪呢？」魏徵說：「山東戶口未復，蓁莽千里，封禪時，四夷君長必從行，如見山東荒涼，恐輕視中國。」，太宗爲魏徵諫勸，延遲封禪數年，可見唐太宗時當四夷平定之後，尙是山東蓁莽千里。與漢高祖時有何分別。可是漢高祖不討伐匈奴，而唐太宗討伐突厥。由此可見戰爭之發生有兩個因素，其一，歷史形成。其二，戰略的決定。——當然如果無歷史背景，而妄興無名之師，那就更不應該了。——拿「不這麼辦？怎麼辦？」同「水到一百度就會沸騰。」來解釋戰爭的發生，這種天眞可嘆的戰爭宿命論者們，可以休矣！所以，從戰爭的發生就受戰略的支配，是「主」與「將」可以完全操縱的。魏武帝說：「戰不戰在我，不在敵。」這眞是負責任的態度。

那麼什麼情形下才戰呢？這就有無窮的學問了。孫子說：「不戰而屈人之兵。」又說：「善用兵者，先勝而後求戰。」總而言之，不打仗能獲得勝利最好，否則有必勝的把握才打仗。這不單是軍事戰略的指導原則，也同時是政略，外交戰略的指導原則。漢朝文帝和景帝的一般策士，上了許多三表五餌的對匈奴政略與外交戰略，文景一概不用，只用一個「和」字。所以在沒有勝算時，不單不打無把握的武力戰，就連政略戰，外交戰也不應該打。明乎此，才能作一個戰略家，要曉得政略戰，外交戰一開始，就不能保證沒有武力戰。——毛酋只知道不打無把握的武力戰，而不知道不打無把握的政略戰與外交戰，眞是一知半解。結果造成內外皆敵。最近天安門外一把火，完全是他濫用政略戰的後果。明乎此，就可以明白，縱使歷史發展已至戰爭邊緣，而謀國者猶須發揮主動，精詳估計，不可率爾發動戰爭。

上面已經詳細說明歷史對於戰爭的影響，現在要說明戰爭對歷史的影響。戰必有「果」，「果」就是勝與不勝，不勝或敗者當然得到災禍，但是勝者，不一定獲得幸福。秦勝六國，但秦國所得到的是國族滅亡，而天下老百姓所得到的是三年亡秦，五年滅楚，使天下人八年肝腦塗地。所以秦戰勝六國，所得的全是災禍。兩次世界大戰，英國都勝了，贏得的是大英帝國的瓦解。但是另有一種說法，秦併六國，不管如何，總是剷除了封建，誕生了統一帝國，總是進步。對於這一說：我可以嚴厲的斥責那是短視的看法，秦國雖然誕生了大帝國，但是不久又夭折了，夭折以後，群雄並起，如不是漢高祖能力强，中國很可能成爲五胡亂華或五代分崩的局面。進步何在？所以中國大一統的功勞應該記在漢朝的賬上。縱使硬把進步套在秦併六國的頭上，但是這一次的進步，中國人所獲得的是災難。漢朝創立了大一統的帝國，垂四百年，輕徭減賦，人民得到幸福生活。所以這一次進步，中國人得到的才是幸福。——如果進步只帶來災難的話，我們寧可不要這種進步，惟有進步帶來幸福，我們才需要它，戰爭固然伴奏些進步——因歷史本身就是進步——但是有時帶來災禍，有時帶來幸福。我們所需要的戰爭，是能爲我們帶來幸福的戰爭。——戰爭有沒有爲人類帶來幸福的史實，曰「有」。漢朝的輕徭減賦，周朝的詩書禮樂。周文王化及江漢，三分天下有其二，猶服事殷。武王大會諸侯於孟津，不期而會者八百諸侯，猶以爲未可，及牧野，一戎衣而有天下。漢高祖除秦暴政，約法三章，解衣推食以待三傑，擢韓信於降將，收婁敬於戍卒集天下英才於左右。周漢之打天下就與秦不同，所以他所收的「果」也優於秦百倍，周自文王伐莒，以至牧野誓師共十九年，漢八年，秦自孝公至始皇則凡百餘年，我們光從統一的時間上就可以看出他們戰略的優劣了。

總而言之，戰爭的果，有的是災禍，有的是幸福，這不是歷史發展的賞賜不同，而是主持戰爭者的操作不同，這操作爲何？曰：「戰略」是也。話到此處，我們須作一結論：歷史可以製造戰爭的機會，但是戰與不戰，還要由主政者來選擇，戰爭的「果」有幸福有災難，這不是歷史的賞賜，而是主戰者的操作，這選擇，這操作就是戰略。所以戰略是絕對主動的，絕對權威的。我們面對歷史所形成的戰爭危機，必需以措天下於泰山之安，爲萬世開泰平的胸襟氣魄去制訂戰略——世界上有這種戰略嗎？曰「有」，「六韜」「三略」「孫子」是也。——歷史上最大的悲劇，就是第二次世界大戰，當希特勒侵犯蘇俄時，美國羅斯福總統未能善選戰略，如果能善選戰略則可以措天下於泰山之安，爲萬世開泰平，可惜美國當時未看清世界安危之權，而加以把握，使世界又淪於今天的危機。當時世界安危之權是什麼？就是中華民國，中華民國安則世界安，中華民國危則世界危。美國不知在德國投降以後，日本亦只有投降一條路，已不値得焦慮，蘇俄二億人口死傷近千萬兵員，縱有工業亦無再戰之力，根本無聯日延長戰禍之心。美國不懂這些，而竟乞憐於蘇俄，訂下雅爾達協訂。及德國已降，日本必然求降，美國應空投招降書，指導日本投降方式，如此則日本不致於將降書誤投蘇俄的手中，致使蘇俄有準備而適時進入東北。二次大戰後，自由世界，在歐洲安定的勢力是英國，在亞洲安定的力量是中國，當時美國的剩餘物資堆積如山，而且在一九四四年底就恢復平時生產，如果當時美國以剩餘生產物資在歐洲支持英國，在亞洲支持中國，蘇俄只有俯首聽命。可是，美國一誤於簽訂雅爾達協訂，再誤於不指示日本投降之路，三誤於戰後不以大量物資支持英國和中華民國，而專和這兩個國家磨難，這總根由何在？在於當時美國沒有以安定世界爲中心去釐訂戰略的原故。

滔滔歷史，滾滾刧波，言戰略者不可以不負起絕對的責任。

第二節　戰略的基本認識

⑴戰略是否純科學？——勝算的相對性

關於戰略是否純科學這一問題是非常重要的問題，記得在第二次大戰之末，我國有一本譯自美國的「精兵學」。這本書的內容大概是宣揚美國參謀作業高度的科學化，它的意思是①參謀機構在地圖上畫出我所要攻擊的敵軍的面。②按照每平方公尺八百個彈片來計算火力。③由以上的火力需要來計算我所需要的兵力。④由於以上所需要的火力、兵力計算補給。⑤由於兵力和補給計算我所需的運輸量。⑥依據敵方的空軍而決定我所需要能達到絕對制空的空軍和防空。依照這本書所宣示的，「師」單位自草擬作戰計劃到發出作戰命令只要四小時，依照這本書所宣示的作戰全是數學問題——從這一理論後來發展爲電紐戰理論。當時很多人都贊成這一理論。有好多軍略家及政論家都預期第三次大戰是電紐戰。有一位很會說話的外交家談及第三次大戰（民國四十五、六年時）。他說：「極可能在我們上阿里山玩的時候世界還風平浪靜，但是第二天下阿里山時，第三次大戰已經結束了。」又有許多戰略家說：「第三次大戰我不知道但是第四次大戰一定是用石頭打。」我乍看見「精兵學」同這些電紐戰理論我也覺得頗有道理，但是經過一番思考，我覺得這些話很有問題。第一，先拿「精兵學」說：精兵學上所說的參謀作業，只有在我方絕對優勢，而敵方絕對劣勢，並且固定在戰線上作陣地戰，才行得通。如敵我均勢，或敵火力優於我，則這套參謀作業完全不管用。如果敵方雖然絕對劣勢，但是他不同我們打陣地戰，這參謀作業也絕對無用。比如越戰，美方雖然絕對優勢，敵方雖然絕對劣勢，但敵方不打陣地戰，打游擊戰，美國的精兵學沒有用。所以美國精兵學只可作爲一種陣中敎範，不可視爲戰略。至於電紐戰當然包括熱核子武器戰，敵人沒有足夠自衞的核子武器，說什麼他也不打。敵我分享熱核子武器，打起來等於自殺，雙方都不會打，所以電紐戰也只可當作一種軍備競賽，而不能視爲戰爭。所以世界上不可能有純科學的戰爭出現，當然也就不可能有純科學的戰略，所謂純科學乃指數學、物理學、化學、工程學。——這些科學有一共同點就是有數學公式而且絕對重現。——戰略既非純科學，是否屬於反科學呢？絕對不是。戰略絕對不能違反科學。戰略如違反科學必敗。玆舉戰史爲例。岳飛以八千兵追曹成，曹成以數萬衆列陣以待之，飛見曹成騎兵陣於丘林，步兵陣於平陸。飛曰：「賊失地利，便可擊之。」於是以步兵進丘林擊其騎，以騎兵衝平陸擊其步，不終朝而曹成潰。騎利於無障碍的平陸不利於有障碍的丘林，步利於有障碍的丘林不利於無障碍的平陸，這個道理是符合科學的，絕對不可以違反的，曹成違反科學，所以必敗。

戰略因爲不是純科學，所以沒有絕對的正確，只有相對的正確，蔣緯國將軍曾說：「看誰錯得最多，誰敗。」眞是至理名言。

何以分出誰錯得最多，誰錯得最少，孫子說：「多算勝，少算不勝。」多算則錯少，少算則錯多。「多」與「少」是以「敵」「我」相對比較出來的，研究戰略的人，必須先知道勝算的相對性。

(2)戰略的特點——先知

純科學是反對「先知」的，但是戰略必須「先知」，否則就是拿國脈民命作兒戲，不但要先知，而且要先勝。在本導論A段裏，曾經提出孫子所說：「先勝而後求戰。」這正是中華文化的優秀傳統，也是兵聖孫武子的不刊之名言。昔日德皇威廉第二在第一次大戰戰敗後，流亡外國讀到孫子這一句書時，不禁慨然而嘆說：「假使我能早十年讀到這句書時我絕不會遭遇這次大敗！」是的，威廉以區區德奧之兵力而與英美法俄……等天下兵力作戰，完全是冒險。——根本沒有必勝之算。不僅此也，拿破崙之進犯嚴寒廣漠之俄羅斯之勝算又何在？希特勒之進攻蘇俄，勝算又何在？西歐人就是這樣慣打沒有把握之戰爭。西方兵學，大都言：陣兵如何，進兵如何，退兵如何，火力如何編定，此皆陣中要務；非勝算，卽非戰略。——而且縱有所謂勝算，亦不澈底，如日本侵華之前云：三個月可以滅亡中國。倘使蘆溝橋事變時，把中國所有兵力與日本所有兵力，集中在沿海地區，作一生死決戰，則日本的確可以在短期內澈底擊敗中國。可是他們就沒有想到，中國人可以撤退，可以撤退到西部山岳地帶，使日本強大兵力分散在廣大原野上，滯阻在崤函、劍閣、三峽天險之前，而又以數多之兵員，聲東擊西，拖住日本兵力，因而使戰爭持久化，後來日本才又想勾引汪精衞，成立僞政府，欲「以華制華，以戰養戰」。他們沒有料到，中國人是那麼樣愛他的國家，那樣愛他的領袖，億萬衆如一身，團結在蔣委員長周圍，蔣委員長之領導億萬人，如身之使臂，臂之使指，不僅此也，就是汪僞政權的官兵也大都向我政府輸誠効力，供我中央驅使，日本人的算盤打錯了，在這時，日本軍閥，如幡然悔悟，還我疆土，賠我損失，則尚可中止，渠等不此之圖，而又妄想斷我後援，進攻緬甸，兼下南洋，在日本軍閥的算計中：「這下你完全被包圍只有投降了罷。」不曾想到，這着棋，逼使英美對日宣戰。——日本軍閥爲日本帶來了偉大戰果——兩顆原子彈，使廣島長崎化爲廢墟。——爲彼等自身亦帶來偉大戰果，集體切腹。西方人不懂戰略，拿破崙、威廉第二、希特勒均嘗到自己無知的惡果，日本人善學西方，而且學過了頭，多吃兩顆原子彈。他們只知道張開可怕的大眼，而不知運用善算的大腦，結果弄得本身及其國人肝腦塗地。西方人應該虔誠地讀一讀孫子了，我勸他們首先要反覆熟讀孫子第四篇形篇的兩句話，而把那兩句話苦苦的記牢，那兩句是：

「故勝兵先勝而後求戰，敗兵先戰而後求勝。」

我提這兩句話，並不是無病呻吟，更不是憑弔歷史。十年前的越戰創痛，至今未復，越戰打垮了美國的圍堵政策，越戰渙散了自由世界的陣營，越戰的後遺症今日並未治癒，爲什麼以美國這樣强國會自小小的越戰敗退呢？就是因爲美國在戰之前沒有勝算，詹森總統在美國人衆口交責時解釋說：「不這麼辦？怎麼辦？」「不這麼辦？怎麼辦？」就是沒有勝算，不講勝算而冒然作戰，就連美國那樣强國，尚弄到一敗難以收拾，血的歷史敎訓，戰略家安可不引爲深戒。

所以戰略貴「先知」！不懂得先知者，千萬不可以談戰爭。先知之例在中國戰史上指不勝屈。⑴三國袁曹之戰前，荀彧郭嘉的十勝十敗之論。⑵赤壁之戰前；周瑜論曹操犯兵家之四大忌，策其必敗。⑶符堅統一中國北方之後，王猛臨死，預誡符堅不可南伐東晉，必先除姚羌慕容鮮卑。這些都是古代戰略家「先知」之確證。近代蔡松坡所編曾胡治兵錄，末後跋文中有「今後中國如與列强不幸兵戎相見必先退至西部山區，然後再行反攻……」觀此可知，松坡先生之「先知」，該書當年爲委員長手定軍人必讀之書；可見　總統在抗戰前之勝算——而抗日戰爭先退後進乃預定之戰略，亦即「先知」之明證，抑有進者以上所擧之史例，多爲偉大人物先知之事例，茲擧其近而平庸者引用中國古兵學以衡量戰局之未來發展，余在五十五年見詹森之違反戰略原理而昇高越戰，已預測其未來之必敗退，越南之終將淪陷。但以美國爲我盟友，不便公然指明說出，遂著孫子精義，以批判越戰。其中以解釋與例說批判越戰者計有下列諸段：P.9釋及P.2 P.4 P.9 P.10 P.11 P.17 P.18 P.21 P.23 P.28 P.29諸頁例說。皆批判越戰者，茲姑錄P.4例說一段，以見余當時確先知越戰之結果，該段爲：

越戰之先，因對敵方之北越、中共、蘇聯之結合未曾摸清。對共產國家之重心何在？亦未摸清。對國際政治心理在目前戰爭之重要，亦未摸清。對美國民情之反應更未摸清。共產國家之重心何在？曰在組織，如北越之政治組織已建立，再加蘇聯、中共可供軍火糧食，則渠可至任何地區作戰，故其重心不在河內，不在都市，而在其政治組織，及蘇聯與中共之外援。故美之轟炸不能使其動搖。其次國際政治心理，對目前戰爭之影響甚大。比如：美與俄戰，不勝並不震動人心；如美與北越戰，不勝，則震動人心。所以蘇俄從不與美衝突，（惟有古巴火箭基地事件例外）而盡量唆使小國騷擾，原因卽在此。美國此次最大失策亦在此，到目前爲止，美國並未失敗，但也未勝。可是美與北越鬥不勝，已震動世界人心了。如果將來美軍撤退，越南淪陷，則更糟糕，此項後果想美在此出兵北越前未曾估及。

其次爲「天」「地」。未知美出兵北越前曾否估計越境每年有五個月雨季，卽是北越每年有五個月可以休息、整、補和利用「雨」來掩護進攻。換一句話說：卽美國軍隊在越作戰有一半時間可以進攻，有一半時間必須退守挨打。再加以森林沼澤，人地生疏，越共潛伏，則困難更大了，天時地利對古代戰爭是重要因素，對近代一般性戰爭亦甚重要；不可不列爲廟算之一。廟算決策是屬於總統的事；但總統日理萬機，對於廟算必需要有許多襄助的人員。這許多襄助人員除軍事專家之外，必須有許多通材，和各式各樣的專家；甚至宗教領袖。譬如保衞越南不能離開佛教。（在處理越局如得一佛教大師襄助必大大有利。）依著者構想美國今日主盟世界，應有一龐大而健全之外交軍事綜合性之大本營之參謀機構及顧問機構，以襄助總統決策此一參謀機構，應包羅各色各樣人才，甚至外國的客卿，尤其應有特具智慧之不管部閣員，平時週遊世界，使對各地政情、人情能參互融會以供顧問。

其次言主道：美國今日政治設施，爲國民所擁護允無疑問。惟此次對越戰，國民毁譽參半，沒有能令民與上同意。其故何在？著者認爲原因有二：其一：未能及時採取二次大戰時所採取兩黨統一外交。其二：未能採取有效之宣傳，以便國民對越戰與美國之安全重要性有充分之明瞭。國會爲美國政府與民意之橋樑；若國會議員保有兩黨統一外交，則對國民意見自發生極大融合力量。美國對參預越戰，多宣傳謂「履行諾言，保衞東南亞。」以此對外宣傳則可；以此對內宣傳則不可，何以故？因如此宣傳則美國人必有「爲一諾言而犧牲數以萬計之生命與數以億計之金元，爲不可理解」。美國政府對內宣傳應直接了當說

明保衞美國生命財產應與共產侵略主義者作戰於境外。美國前哨向後退一步，

則美國生命財產接近危險一步……。

可見當時（本書五十五年脫稿，五十八年出版，幼獅書店發行。）余已先知：「如果將來美國撤退，越南淪陷，則更糟……」加「如果」二字不過不欲太刺激。如詳讀該書則可見余當時認爲美在越戰之撤退已肯定，根據上段記載可見如能以中國兵學批判當代戰爭，雖平庸如余者亦可以先知。而聰明如詹森總統等如不知中國兵學，亦不能「先知」。由此可見，戰略之先知乃中國古兵學之產物無疑。不過偉大人物之通中國古兵學者，其所先知更深遠，更精審，而制勝之術更週備有把握耳。「先知」之史例，在中國不勝枚擧，而在西方——尤其是美國——不易爲人相信。西方人習用歸納法，必在實證都顯現之後，再歸納成爲理論。此法用於純科學則可，用於戰略則不可。蓋以顯現後之實證已爲昨日黃花，而戰略必須「先知」未來之變化，方能求「先勝之道」。美國人見越戰敗而後知有限度戰爭之不能打，已無救於優勢之喪失，與自由陣營之渙散。

欲求先勝之道，在能「先知」，「先知」並不神秘，先知只是察看未來變化。未來之變化產生於今日之潛形。能察今日之潛形，就能了解未來變化，也就能先知，這是戰略之要點也是戰略之特點。我們必須認清這一特點，才能研究戰略。

也許有人認為，這還不是觀察現在，與西洋歸納法之實證主義又有何分別？我的答案是「大大不同」，「先知」的戰略家，觀察現在，重點是現在的潛形，而不止於現在已現的形，而歸納法觀察現在只重已現的形。「先知」的戰略觀察潛形，而能預測其變化，而知在此變化中使我昇敵降之術，歸納法對此均一無所能。

嚴格地說：戰略的「先知」，是知敵我之過去現在未來，洞澈其未來變化，而把握制勝之權。所以孫子說：「先勝」。他的意思是除先知變化之外又能把握勝算和制勝術。我之所以先提出「先知」二字，是為了字義淺顯，而且是「先勝」之第一先決條件，尤其針對西方重視歸納法而嘲笑「先知」為神秘之缺失而言。戰爭不是純科學，戰略之「先知」當然也不可能是純科學的，換一句話說戰略之「先知」，並非如純科學之公式之代入或演算，然戰略之先知自有其一套實用方法。

(3)戰略先知之方法——觀察、分析、估計與構想

a、觀察

甲、察潛形

先知第一要點爲察潛形，今日之潛形卽未來之形勢，欲知未來之形勢必知今日之潛形。工業潛能、學術發展、將能、主道、政治文化之傳統、民族性，均爲潛形所在。以上次序乃就其淺深度排列，工業潛能爲最淺而易見之潛形，學術發展則較深……至民族性則最深。其最淺者則有效表現最切近，愈深則有效表現愈遠而久，當工業革命以後，英國工業能力稱雄於世。德國與美國工業尚未啓蒙。二十年後德國工業勃起，五十年後美國工業漸雄飛於世，一九四五年美（英加）獨佔核子武器，一九五五年蘇俄亦擁有核子武器，現在美蘇伯仲之間。所以工業潛能之替換代與，越來越快，誰最具有工業潛能，如自工業本身觀之已成難以持久之不定因素。而且在這熱核子武器分享時代，如非有使核子武器失效之新武器出現，則其他武器之小有改進，影響戰爭亦不大。如果有使核子武器失效之新武器出現則時代已屬另一時代不

在本文範圍以內。故在當代之戰爭局勢中，工業之潛能估計已非最重要項目，不過若原未有核子武器國家也能產生核子武器，則其自備能力之昇高，可以影響局部均勢，亦不可忽視，但以今日工具之發展，國際情報網之密佈，對於工業潛能之估計已無重大困難。學術之發展，爲工業之母。若無愛因司坦的能質互換定律，則原子彈之觀念不可能產生。現在之學術之發展，一半有待工業之支持，但亦有不待工業支持者，以我所見可以預期之幾項學術發展，極可能影響時代。其一爲政治人材之培養，當代最感需要超級遠見之政治人材。政治家如以近小之現實爲切要，而昧於世界大局，將爲本身及萬國帶來無窮之禍患。文明水準與第二次大戰歷史教訓已說明必須世界大同，而彼等有目不能視，但低著頭要弄小刀小槍，以滯阻歷史進化。如有一日，大國領袖有能熟讀中國史鑑，則其人必與其國而爲世界締造大同。此乃未來之世界學術發展之潛形之足以影響時代者一。其二，「能與質之互換律」早已發現，核爆之可以使質突變爲能亦已實施。那麼，「能」可否突凝爲質呢？太陽之懸於太空不斷核爆已億萬年矣！「能」之能否立即還爲質，不得不列爲值得發展研究之重要科學，如能研究有成，則人類戰爭必起絕大之改變，惟此項潛能，難期最近出現，而且到那時已屬另一時代不在本篇討論之內了。「將能」爲直接影響戰爭之潛形，亦最難察。周郎以新進少年，而敗魏武，陸遜以白面書生而敗昭烈。欲知道敵我「將能」誠然非易事，可是言戰爭而不知敵我之「將能」，正如盲人騎瞎馬而臨深池，危亡立見。「主道」之影響於戰爭，更甚於「將能」。苟無「主道」，雖有良將不見任，有嘉謀不見採。其敗亡無疑。戰國時趙亡於秦，非無良將，楚漢時，項亡於劉，非無謀臣，主有道必得良將，主無道雖有良將不見信任，所以「主道」爲因，「將能」爲果。敵我「主道」爲最重要之潛形。言戰爭者，不可不知。政治文化傳統，爲工業、學術、將能、主道之來源。歷史不乏奇材異能，但大都不出政治文化傳統之外。中國傳統重視政治軍事，所以政治軍事人材輩出，西方重視貿易自然科學，故自然科學與貿易人材輩出，民主國家重個人主義，順人性善殖財，而國家擴張少；極權國家，輕視個人，反人性，不善殖財，而務國家擴張者多，故言持久緩競，則民主國家終勝極權國家。言激鬥，取勝一時，極權國家每佔上風。政治文化之傳統爲戰爭潛形無可置疑，民族性又爲政治文化傳統之依據，如德國人富於理性而缺乏彈性，英國人富於彈性，而重視現實……等等。綜觀此數者可知戰爭之潛形爲何物。

吾人雖知戰爭之潛形爲何物，但必須知如何去觀察，方能滿足吾人之要求。工業潛能之觀察，已爲今日科技所能，無容再述，學術之潛能，其屬於科技者，亦可由科技觀察，其屬於政軍者，如有能精心對中國政治軍事學作系統之深入研究者，吾人必須括目相看，不可大意。俄國一次以大撤退勝拿破崙，再次以大撤退勝希特勒，其思想決非來自西方，究由何來？極値得吾人之注意。「將能」之察看，一由於平時之留意，一由於臨戰之測探，將之選用甚少有如韓信之一步登天。故如平時留意不難發現，近十年來戰爭之妙事莫如三年前中東之戰，季辛吉由北平飛赴以色列時，大呼「中東戰爭，應可以某某年疆界爲和平談判準則了。」聽來大有不再支持以色列之佔領西奈半島，埃及誤信此一暗示，進兵攻以色列，不料反爲戴陽奇兵偷渡蘇伊士運河，而迫埃及作城下之盟，好像季辛吉的兵略大大成功。不意阿拉伯國家又來個石油封鎖。弄得自由世界大半屈膝，阿拉伯國家又何來此奇謀？頭一着看似季辛吉之謀，第二着，看似阿拉伯之謀，但仔細看來都不是。似乎是出於另一方之兩面操縱。但非蘇俄之謀劃則絕對可知，試看埃及自此戰爭之後，趕走蘇俄軍事代表團及奪回基地卽可分曉。從這一戰裏我們可看清今日國際「將能」之概觀。再者，埃及當時聽到季辛吉大呼大叫時，可以將計就計，要季辛吉按照他自己的話去談和，最多只採取試探攻擊而深爲之備。則可以測知以色列方面主謀人「將能」之深淺。故任何戰略，在不盡知敵人將能之深淺時，則只可佯攻而陰爲之備。所謂形人而我無形，則能測敵之將能而不爲敵所測。「主道」孫子簡單地解釋爲令民與上同欲。民與上是否同欲，好像是頗易探測的，但其實也不易，難在一「令」字，民與政府有時合有時不合，此非孫子之要求。惟有「令」字有操之在我，永遠結合之義。如何才可永遠結合呢？選賢任能，乃是最大的關鍵，所謂擧直措諸罔則民服。明思宗之亡國，民間懷念無已，定其殉國之日爲太陽生日。漢高祖常好醉臥，又漫罵無禮。前者似有道，而卒亡其國，後者似無道，而爲開國明君，其別在能否選賢與能。所以測量主孰有道，當從所用之人孰賢爲分別，探測主道，耑在平時，但古代也有臨時探測主道的史例。如戰國之時，秦昭王派人送一雙玉連環予齊國君王后，請她解開。齊國君王后卽令取金錘當殿擊碎玉連環，答覆使臣說：「請告訴秦王，老婦已爲解連環矣。」秦昭王知君王后明決，終君王后之身不敢加兵於齊。至於政治文化傳統與民族性，乃顯著而易測，但其影響戰爭至鉅，亦絕不可輕忽，例如俄國不管其制度如何，但觀其文學則極少一篇具有中和之人情味著作，則其難洽人情可知，無怪其扶助埃及三十年，而終於分手，則其不能凝結渠之友邦，乃必然之理了，觀此則知文化之影響戰爭，至於毛共僞政權則根本無文化可言了。總之，所有各種潛形之中，以「將能」、「主道」，屬於「人」的方面最難觀察，乃眞正之潛形，最爲重要。

乙、察變化

我們撇開宇宙之原理不談，單就人道來說，變化是必然的。問題是：這變化有無法則？老子說，反者道之動，易經說：「陰極則陽生，陽極則陰生。」以及人心之「靜極思動，動極思靜」。如果由這些話看來，人道變化，是向相反的方向走。這些大題目離戰爭太遠，我想就戰爭有關的來探討。陸遜解釋對劉備的戰略說：「其軍始集，用心精專，今馳騁廣野，久無所得，則兵疲意阻……」這是指心理的變。也就是心理的厭倦。美國當局如果知道這個道理，必然在越戰之先就能預料後來美人反戰。其次若史記司馬遷之讚漢高祖本紀：「夏之政忠，忠之敝，小人以野，故殷人承之以敬。敬之敝，小人以鬼，故周人承之以文，文之敝，小人以僿。故救僿莫若以忠。三王之道，若循環，終而復始。周秦之間，可謂文敝矣，秦政不改，反酷刑法，豈不謬乎？故漢興承敝易變，使人不倦，得天統矣！」這是制度精神的變化，這種變化，由於某一種制度和其精神已經衰老，所謂積久弊生，而需要另一種新的東西來代替。又其次：如舊的工具發現缺點，或產生新需要：如拿破崙的騎兵見破於砲兵，因而使砲火盛興，砲火阻止不住步兵，因而產生機關槍，為了防止機關槍，因而產生坦克……等等。總而言之這些變化都是起於舊的衰退，而需要新的接替，這些變化都是必然的。言戰略者必須知道這些變化，我們能知道這些變化也就知道盛衰消長之理。

最重要的，今日之舊，即前日之新，由新而舊，乃是同一個「個體」，打洪楊時湘軍是新，打捻匪時湘軍是舊，這是我們必須明白的道理，所以變化，就是一個「個體」的衰老。這一觀念可以適用於國家、民族、領袖、將帥、軍隊、甚至於文化制度，懂得這些纔能「先知」。

這裏須要特別提出的有兩個問題，其一是這衰老的個體能否復新。一般說起來很難，曾國藩剿捻匪必用淮軍就是明證。「物壯則老」，是一般規律，但也有例外的說法。像美國的說法。美國認爲他們的國家，具有無窮的修復力，他們認爲那是由於他們民主制度的結果，他們喜歡擧出一個例子，就是他們對於所謂週期性經濟恐慌已經避免。他們曾制定累進稅率，以調節貧富，他們又能制訂許多經濟安全立法，使他們的資本主義並沒有像馬克斯主義者所預言的衰老下去，這是事實。但美國的「個人主義」，「匆忙的習慣」，「歸納法」「實證主義」已經到了妨害他應付戰爭的邊際，他們有沒有再生的修復力呢？那就要看他們能否學會中國古兵學的戰略原理，但到目前他們還沒這樣做。另一個史例爲左傳上所記城濮之戰的一段：子犯曰：「……背惠食言以亢其仇，其衆素飽，我曲楚直，不可謂老。我退而楚還，我將何求？若其不還曲在彼矣……」晉師能將已老之士氣，修復爲盛壯之士氣。這是一個極善運用變化與自我修復的好例子。其二，是「變」與「詐」。凡變得與事理不符必詐。如：「無約而求和者」「辭卑而益備者」「半進、半退者」「兵怒而相迎，久而不合，又不相去。」這些都是變得與事理不符，必有詐謀，需謹備之。上面講的三年前季辛吉大呼——以、阿應以某年疆界談和，這一變化也與事理不符，其中必有詐，埃及太天眞，所以大上其當了。

察變爲兵家要訣，史例太多，只能舉一反三，無法多說了。

觀察之對象有二（察潛形、察變化），已如上述，觀察之方法則如何？一般觀察方法，必賴情報，情報與諜報有異，情報之來源如下：①官方發佈消息，②新聞，③官方人員之接觸，④學術資料，⑤商業資料，⑥諜報。情報來源有六，諜報不過其中之一，李靖不喜用間。他說：「水能載舟，亦能覆舟。」所以李靖用兵大都根據推斷。如唐儉使突厥，李靖推斷突厥必不肯臣服，亦必不戒備，因而採取奇襲。孫子把間諜工作分爲平時間諜與特種間諜。平常之間諜，爲搜集其一般資料及經常工作。另一種爲特殊間諜，政治間諜，所謂商之興也，伊摯在夏，周之興也，姜尙在殷。特種間諜，必須聖哲擔任，必非常人所可勝任。我認爲諜報是需要的，但重點在經常工作。至臨時特種工作必賴聖賢。春秋時，隋之少師誤認楚之羸師爲眞實，幸賴季良之明鑒而救止。漢高祖去平城之前，諜者皆言匈奴兵寡弱，惟劉敬則認爲匈奴兵强大。近代希特勒用女諜竊取英人之謬誤情報，誤認英美聯軍之登陸將不在諾曼第，因而削弱諾曼第防軍。臨時特種諜報之易爲敵用往往如此，無怪乎李靖之不喜用間也。不過若全不用諜，則非正常，李靖爲超級兵聖故可不需諜報，常人則不可。對敵情之常期追踪，大都能發現敵人本質，有益無害。不過有一點必須提出：「只可以戰略駕馭情報，不可以情報駕馭戰略。前面所引用的……隋少師誤認楚羸師爲眞實，而季良則斷以「天方授楚，楚之羸，其誘我也。」能以戰略駕馭諜報，故隋人未上當。漢高祖將進平城，諜者七人皆言敵兵寡弱，劉敬言：「兩軍相當，皆誇耀强勁，今敵示羸弱，必有陰謀，不可進平城。」漢高祖不聽，進入平城爲敵軍所圍，數日未食，這是以諜報駕馭戰略而失敗。希特勒不信將領判斷英美在諾曼第登陸，而信任女諜所窃取之情報，其上當更是活該。

所以我主張對敵人的觀察，必須長期追踪，廣面採用資料，關鍵事件的搜尋，不可專賴諜報，尤貴能以戰略駕馭情報。其中關鍵事件的搜尋極爲重要。所謂關鍵事件，有下列涵義：①肯定的，它能支配並改變其他事件，而不被其他事支配與改變。②勝敗的必要條件。以上兩者有其一卽爲關鍵事件。關鍵事件之發現有待於優良的分析。

b、分析

關鍵事件之發現爲分析之主要工作，卽發現敵情中，(1)何者爲眞？何者爲假？何者爲可變？何者爲不可變？何者爲支配？何者受支配？以及(2)若何而勝，若何而敗。(1)爲「敵性」，(2)勝敗之必要條件。現在先探討「敵性」的發現，需知「敵性」不一定全合乎戰略的，但他有他的發展過程，在這裡讓筆者先舉個事例作爲說明

：三十八年春，與同事潘君爭論一問題，那時正是李宗仁和談時期，潘君認爲，敵人必然接受和議而不過江，我認爲敵必丢棄和談，而稱兵渡江，潘君認爲敵人如接受和議，則三年內必將把我們連根拔，我沒說理由，但說絕不會。潘君要同我打賭，結果賭一桌飯，誰輸了誰請客，到了四月二十幾一一天，一大早，我還睡在床上，老潘在門外敲門，我起來打開門他大叫：「你贏了，我請你吃飯。」他眞的約幾個熟人在他家吃飯。席間，他問我爲什麼斷定敵會破壞和談，擁兵渡江，我說：「抗日時，我在三戰區，單身住在中山堂，室內全是些剿共傳記書籍，我無事時常常閱讀，知道敵性剛而忍，二十年被壓在桌下面，這一下露出頭來，必然打翻桌面出氣。」他嘆口氣說：「我說的事理戰略，你知道的是敵性，高！」他敬了杯酒。要了解敵性，必須長期追踪，俗話說：「知子莫若父」，蓋以父與子相處最長而言。（爲什麼不說母，因母多溺愛，知其善，不知其惡。）當然長期追踪只是發現「敵性」的基本條件之一，其他必須有博學高識，而後有澄清力。不然，人云亦云，或敵人抹紅臉，你覺得他是紅臉，抹黑臉，你覺得他是黑臉，畫花臉，你又認爲他是花臉，那就糟了。世論紛紛，臉譜會變，何況人性是發展的，三日不見已非昔日吳下阿蒙。大要你能注意「敵之勝」和「敵之敗」，則庶幾乎不中不遠矣！人之敗，必不得已而後敗，故於敵之敗時可見敵之本領之眞極限；人之勝，多得意忘形，故於敵之勝時，可見其「眞面目」。何況觀其敗之後，再觀其改不改，如不改，則趨於亡。如改，則必一反以前之作法。觀其勝再觀其驕不驕，如驕，則必一本故技，變本加厲，如不驕，則必虛心接物，因時變化，知此則知敵性之發展矣！歷史上名將雖多，然戰勝而能虛心接物，因時變化，人莫能測者，只有韓信。韓信在勝趙斬成安君之後，而能虛心向俘虜李左車請教，則其發展不易測也。

其次，就敵人慣用之戰略，可知敵性，因爲其所慣用之戰略，卽其所長，乃必然之理。就以毛酋爲例，毛酋自始稱讚李自成張獻忠戰術，我們叫他流寇戰術。這等戰術，以臥底（滲透）爲前矛，以擾亂破壞裏脅爲後盾。李自成所以能攻下北京，全靠收買太監作內應，我們能了解此等戰略性格就了解福特競選前朝毛之爲可怕的關鍵事件了。知道這些也知道雅馬古玆號事件與尼克森此次又往大陸之眞正解釋以上乃就敵性之分析作一舉例說明。下面再就勝敗之必要條件之分析，作一舉例說明。玆所舉者，乃姜尚助文武傾商之戰。請看六韜：「文王在豐，召太公曰：嗚呼，商王虐極，罪殺不辜，公尚助予，憂民如何？太公曰：君其修德以俟之，天道無殃，不可先倡；人道無災，不可先謀，必見天殃，又見人災，乃可以謀，必見其陽，又見其陰，乃知其心，必見其外，又見其內，乃知其意，必見其疏，又見其親，乃知其情」。

在一段對話裡，文王有立卽弔民伐罪的意圖，而姜尚的答覆是商紂滅亡的必要條件未具備，要文王修德以俟之。其所謂的必要條件爲何？卽指「人道」、「陰」、「內」、「親」。這話從何解釋呢？請看孟子「由湯至於武丁，賢聖之君六七作……其故家流風善政猶有存者。又有微子、微仲、王子比干、箕子、膠鬲，皆賢人也，相與輔相之，故久而後失之也。……」我們從這一段裡可見孟子認爲紂不易速亡，其關鍵在微子、王子比干、箕子……等人執政。這些人也就是姜尚所說的「人道」、「陰」、「內」、「親」。這些諸賢在商執政，則紂之「滅亡必要條件」卽未具備。故姜尚伐商，在微子去之，箕子爲之奴，比干諫而死之後。從這一史例可見姜尚孟子對商周勝敗之必要條件有相同之分析。

姜尚以：

天道——人道

陽——陰

外——內

疏——親

等八項爲分析「勝敗之必要條件」之着眼點，可謂相當周密，而可作爲重要之參考。吾人能分析敵性及勝敗之必要條件，則對關鍵事件之搜尋已確具把握，因之能進一步估計敵之未來發展，而構想未來之戰略運用。

第三節 估計與構想

能分析「敵性」及「勝敗之必要條件」，即能估計其未來發展，能知其未來發展，即能構想其未來戰略運用，而預斷其勝負之果。玆舉一史例，如南北朝北齊杜弼爲高澄所寫對梁武帝納侯景之檄文：「……獲一人而失一國，見黃雀而忘深穽，智者所不爲，仁者所不同，誠既往之難逮，猶將來之可追。侯景以鄙俚之夫，遭風雲之會，位班三事，邑啓萬家，揣身量分，久當止足；而周章向背，披離不已，夫豈徒然，意亦可見。彼乃授之以利器，誨之以謾藏，使其勢得容姦，時堪乘便，今見南風不競，天亡有徵，老賊姦謀，將復作矣！然推堅强者難爲功，摧枯朽者易爲力。計其雖非孫吳猛將，燕趙精兵，猶久涉行陳，曾習軍旅。豈同剽輕之師，不比危脆之衆，拒此則作氣不足，攻彼則爲勢有餘。終恐尾大於身，踵粗於股；倔强不掉，狼戾難訓；呼之反速而釁小，不徵則叛遲而禍大。會應遙望廷尉，不肯爲臣；自據淮南，亦欲稱帝。但恐楚國亡猿，禍延林木，城門失火，殃及池魚；橫使江淮士子，荆揚人物，死亡矢石之下，夭折霧露之中。彼梁主者，操行無聞，輕險有素，射雀論功，盪舟稱力。年既老矣，髦又及之，政散民流，禮崩樂壞，加以用舍乖方，廢立失所，矯情動俗，飾智驚愚，毒螫滿懷，妄敦戒業，躁競盈胸，謬治清淨。災異降於上，怨讀興於下，人人厭苦，家家思亂。履霜有漸，堅冰且至，傳陰躁之風俗，任輕薄之紈褲，朋黨路開，兵權在外，必將禍生骨肉，釁起腹心。……」

觀此檄文，則知高澄輩之於侯景梁武帝之性，以及侯之曾習軍旅與梁之失道，勝敗之必要條件在事先能作具體之分析，故對侯梁之凶終隙末，能預先估計，而後再以和平攻勢，言歸還蕭淵明，挑反侯景。其實當此檄文公開發出之際，已具指導梁武侯景互相猜疑之作用，亦即指導敵人崩潰之作用。此種强有力之構想，而以美好之檄文表達之，使人只見其虛聲恫嚇之文，而不覺其爲實際之謀略戰，妙，妙。另一史例，則爲姜尙周文王對驕、暴、凶酒，好色的商紂王朝的是否滅亡的關鍵事態，均矚目在其故家流風善政，比干、箕子、微子身上。三仁不去，殷紂不亡。所以終文王之身，修德行仁，又以美女寶馬文伐之法，以服事殷。借殷商之西伯，以德化有天下三分之二，而紂不以爲驚。蓋其於外則視周文爲仁懦之國，而其於內雖以妲己費仲尤渾，供其驕淫暴虐之具，而實亦暗恃有比干治國，樂得寫意。當時紂之朝廷有小人有君子，君子得位，紂有才無德，何嘗不欲兩存而並用之，既可以利用矛盾，防止屬下專權，又可以以小人娛身，以君子保駕。而小人主淫虐，必曰周不足道，君子慮國之安危，必曰周可慮。君子小人之爭必然日嚻嚻於紂之耳；紂來一個「我生不有天命」，表面上付之一笑。其實他外輕周文，內恃君子，心中自有算盤。古代親屬政治，比干箕子微子均王子王孫，國之重臣。而紂爲天下逋逃藪，則由費仲尤渾亦必聚集蜚廉惡來之輩不少宵小，紂雖欲兩存而並用之，其賴小人之日趨囂張而與君子越來越勢不兩立。武王卽位之時，年紀已不小，姜太公年紀更大，勢不能再留天下之公敵，阻滯歷史，遺患子孫萬國。於是來一個大會孟津一緊，使紂之君子責備小人誤國，眼見釀成大禍，也必諫紂悔過修德以挽回國運。紂見八百諸侯大會，內心亦必緊張。可是小人非無能，亦必巧言善辯，以兵力衆寡分析，（牧野之戰，紂師爲數十萬。）以周室仁懦無能分析；上以安紂心，下以反譏君子。結果孟津的八百諸侯，會散了，「汝未知天命」的話頭傳出來了；紂必大笑，心喜「正合孤意」。小人黨亦必益發放肆，直譏老臣無知；紂與小人澈底結合，於是比干諫而死，箕子爲之奴，微子去之，這就是孟津大會而又解散的構想中的結果。

三仁一去，紂的裡面也崩潰了；牧野之誓師隨至。任何戰略的先知與先勝，都離不開察潛、察變、分析、估計與構想。姜尚自始見文王，至孟津大會始終有一貫的構想，眞是道道地地的「先知」「先勝」。

以上所言大都以知彼爲例，我要說明上列諸方法，同樣可用於知己。知己與知彼，同等重要，美國人因未能「先知」其國人會狂熱反對越戰，是失敗最重要原因之一。

以上各章所探討，爲研究當代戰略，必先具備之知識，能理解以上各點，才可進入戰略原理之探討。

第三章　當代戰略原理

第一節　何以提出「戰略原理」

西方之軍事理論不善脫去軍事實務，故極少純理論之戰略學著作。其所謂戰略學實即是大會戰的參謀作業之摘要與解說，故其表達而出之戰略學，實即戰史混和其所作若干說明。這種戰略學有多種流弊：其一，由於戰爭之實務千千萬萬，則其所謂戰略亦千千萬萬，戰略家何由吸收而運用之。故大有讀破萬卷書之戰略家，而不能一戰。其實西方之戰略家與軍事家，（名將），常常分而爲二，且甚多將軍吸取一枝一節之所謂戰略，而誤大事，主要原因即由西方戰略不得其「要」之故。不得其要，即不能執簡馭繁，因而不便實用。其二，西方兵學之形成多由經驗之歸納。西方常喜言經驗昇高而爲理論，看似有理，其實無用，蓋歷史或經驗之歸納，只可以解釋以往，而不一定能測度未來，亦卽不合戰爭需要。其三，此等戰略之論列實際皆武力決戰之戰史，對於當代戰爭之綜合戰、彈性戰、隱形戰，尤不合用。目前世界各國戰略家大多數仍然將政略外交戰略與武力戰分開爲個別獨立之闡述，而綜合戰、彈性戰、隱形戰乃一交替或複合不可分之戰略，若强分之，則不合實用。總而言之，皆由西方戰略學未得其「要」，因而無法執簡馭繁之故。

其「要」爲何？「勝算」與「制勝」是也。勝算與制勝爲戰爭之要。勝算與制勝卽爲戰略原理，勝算與制勝皆爲敵我相較與互變。其靜態之比較爲勝算，其動態之互變爲制勝，二者雖無數字之公式，但却有原理存在。此原理卽勝負原理，亦卽戰略原理。

戰爭之學術，決非一人一時之力，余不能爲當代戰略創造一勝負之原理，但却因越戰之發生與美國錯誤之戰略而使我發現我中國之古兵學所闡述之學理，乃極爲適合當代戰爭之戰略原理。（當然是必須經過稍許修正）。

第二節　中國古代戰略理論與其方法之優點

中國古代戰略理論，有極清楚之要領，有極嚴格之推理與系統，有純抽象的簡明理論，故易於吸收，而運用範圍極廣。最合執簡馭繁之需要。又因其廣可適應政略與外交策略，故洽合當代戰爭之綜合性戰、彈性戰、隱形戰之需要——西方人亦知當代戰爭之綜合性，但不知其彈性與隱形性。而且雖知當代戰之爲綜合性，却不知如何寫出一本綜合性之戰略原理，蘇俄極重視戰爭之綜合性，但觀其戰略論著中，仍然是軍事戰略自軍事戰略，政治戰略自政治戰略，於此益見中國古代戰略原理之可貴，中國古代戰略原理中，最能得其要領，有極嚴格之推理與系統，有抽象之簡明理論，易於吸收，而運用極廣，最合當代綜合性戰、彈性戰與隱形戰之要求者，厥爲孫子十三篇。茲特將孫子兵學作簡明之介紹，錄之於下：

孫子兵法計十三篇：

一、計—言用兵前決策之要點（附大戰略佈置之要點）。

二、作戰—言制定作戰計劃之要點（貴勝，不貴久）。

三、謀攻—言攻伐之等級（上兵伐謀，其次伐交，其次伐兵，最下攻城。）及負勝之判別。（知彼知己，與不知彼不知己。）要點在不戰而屈人之兵。

四、形—言可勝，與不可勝之形。

五、勢—言指揮作戰之運用（戰術）爲「奇」、「正」。

六、虛實—言虛實產生之理。（卽戰術之效果）。

七、兵爭—言舉兵爭利，言運動戰，遭遇戰之理論。

八、九變—言九變五利，言應變之法。

九、行軍—言軍中要務。

十、地形—言地形及軍情。

十一、九地—言敵我相對，我所處之九種地位與戰略，但重點在深入決戰毀敵。

十二、火攻—言以自然力量火（水）攻敵。

十三、用間—言用間諜之法，重點在用聖賢爲間。

綜觀十三篇：前三篇是總綱，四、五、六三篇爲戰略戰術之理論。（按古兵法不分戰略戰術），後七篇爲法則與戒律。始計篇言可戰之理，作戰篇言戰之害，引申之，則在貴勝不貴久。再引申而得兵謀貴「不戰而屈人之兵」。不戰而屈人之兵則有勝之利無戰之害，可謂兵謀之最高要求，按照這一要求所以分用兵之等級爲上兵伐謀，其次伐交，其次伐兵，其下攻城；以及十圍，五攻，倍分，敵戰、少逃之戰略基本理論，再歸重於知彼知己爲勝負之判別，（暗涵用間）以上諸篇皆國策戰略之基本理論，可爲萬世法也。此後形、勢、虛實皆論作戰致勝之理論。

形分爲可勝與不可勝，形者敵我形勢之對比也。孫子說：「勝兵若以鎰稱銖，敗兵若以銖稱鎰。」由此可見形爲敵我對抗之形，形之要素有三：(1)我(2)敵(3)地形及位置，當前情況。故形篇所說的是戰略佈署，佈署的要點在「修道保法」。在立於不敗之地，而不失敵之敗。勢篇說戰之運用，是說怎樣指揮作戰，是說戰術。它把戰術分爲二：(1)奇(2)正。它的精義，在能奇正循環互變。在能變劣爲優，轉敗爲勝。在變敵之實爲虛，變我之虛爲實，而以我之實擊敵之虛，虛實篇全部討論虛實產生之理論，亦卽因戰術措施而產生之結果。戰略運用產生勢，勢有奇正（戰術），奇正之運用產生虛實，所以形、勢、虛實三篇皆說明致勝之理論。孫子在勢篇開始就說：「鬥衆如鬥寡，形名是也。三軍之衆，可使必受敵而無敗者，奇正是也。兵之所加如以碬投卵者，虛實是也。」這三句正表示「形」「勢」「虛實」三篇一貫的道理。孫子以「形」「勢」「虛實」概括一切戰略戰術的理論，可謂精切簡要之至，自兵爭至火攻共六篇均言各種軍事戰爭之法則與戒律。此六篇所言之法則戒律，均與「形」「勢」「虛實」之論相關聯，最後一篇言用間之法（用間與知彼有關）。

明瞭孫子之內容，可以明瞭孫子一書之用。

軍事理論最難，一般人喜歡說：經驗昇高爲理論。這是說歸納法，但是我看孫子理論是演繹的，它先定一個可戰的權衡。（計利以聽）。再定一個久戰之害，從這兩個邊際裡擠出一個兵貴勝不貴久。引申之得到不戰而屈人之兵。再引申爲伐謀、伐交、伐兵、攻城的兵謀等級。兵謀在知己知彼，「己」與「彼」便生「形」。不可勝之形由於修道保法，（因而引出七篇至十三篇之法。）因而引出地生度，度生量，量生數，數生稱，稱生勝，這些就是形。形動就成勢，勢二分之而爲奇正，奇正產生虛實，以實擊虛則勝。（以碫投卵）。

明白這些，就明白孫子理論之所以簡要完整精微切實了。

明白這些，就可以明白何以孫子理論能無時間性了。

明白這些，也就可以明白，演繹法和二分法的優點，和中國學術的特點。

孫子的方法最重要的就是尋找出概括一切的兩個基點，「利」和「害」的確是最好的基點了，看下圖可見孫子理論的梗概：

（計）利 ＞ 謀 ＜ 知己 ＞ 形（靜）→勢（動）＜ 奇 ＞ 變 ＜ 虛 ＞ 勝（以實擊虛）
（作戰）害 　　　　 知彼 　　　　　　　　　　　　 正 　　　　 實 　 負（以虛擊實）

最後，我必須指出，我之提倡中國古戰略學，不是排斥西方近代戰略學，而是以中國古代戰略學爲宗而包涵西方許多實際戰略。我之尊重中國戰略學方法演繹法，不是排斥歸納法，而是以演繹法為宗而包涵一切方法。（如歸納法實驗法變證法與領悟法。其結構此處不能詳論。）

第三節　當代戰略原理與中國古兵學

(1)從中國古兵學闡明勝負原理

首先要提出的，是當代戰爭的特點，我所謂當代，如前所說，有一個嚴格的定義。「當代」就是指熱核子武器分享時代。在這一時代，敵我雙方都握有足夠消滅人類的核子武器，因此雙方都不敢發動全球性的大戰，國際鬥爭轉向一串小型戰爭，西方兵學都是講求決戰的，所以不適應當代戰爭。韓戰時代，俄國還沒有核子武器，所以韓戰不能列入當代戰爭，到了越戰時，俄國已有核子武器，所以越戰屬於當代戰爭型了。我們絕不能看輕這種一串小型戰爭。這種小型戰爭，同樣能為戰爭有關方面，判定勝敗存亡。美國肯南博士，有一篇文章專門報導美國所受越戰的摧殘。其中最悲痛的一段話是：「美國人，無論老幼，一向是崇信總統、市長、教授、律師，可是現在沒有一個人再被崇信。」可見越戰對美國傷害之深遠，在越戰之後，美國總統競選之前總要到北平拜訪，好像不如是就不能獲得選民支持。美國精神那裡去了？這是影響歷史的大事。前年石油一戰攪亂整個世界經濟，所以我們面對這種小型戰爭要十分小心。第一次大戰、第二次大戰及韓戰，可以說是武器優勢時代，誰的武器生產佔優勢誰就勝。而在越戰、中東戰爭中是兵學優勢時代，誰的兵學佔優勢，誰就勝，越戰和中東戰爭的兵略非常突出。第一，談談打打，進進退退，非常富有彈性，第二，外交政治經濟軍事一同參加作戰，這是富於綜合性，因此我給當代戰爭下一個定義，叫做彈性的綜合性的戰爭，彈性與綜合性就是當代戰爭的特點，應付這種多變的多元的戰爭，必須要有多變多元的兵學，尤其須要能執簡馭繁的兵學。

而最能滿足這項要求的只有中國兵學。

中國傳統戰略是——

進能求勝，退也能求勝——彈性戰。

武能攻伐，文也能攻伐——綜合性戰。

以進求勝，是一般兵法的通性，以退求勝——只有中國最傑出，舜伐有苗，三旬而有苗不服，舜退兵而舞干羽，於是有苗服。姜尚佐武王伐紂，大會八百諸侯於孟津，而又解散退回，因而造成牧野之勝利。晉文公攻原，三日而原不降，下令退兵，兵退三十里而原降。城濮之戰臨戰前晉文公又退避三舍，這些都是以退求勝的證明，也是戰略極富彈性的明證。

以「武」攻伐是戰爭的一般形態，以「文」攻伐，中國人表現最傑出，六韜內有「文伐」篇，姜太公就是「文伐」能手。越王勾踐也長於「文伐」。唐太宗以文成公主嫁於土番，而佛化土番。清朝因之以佛敎制服西藏及蒙古，這些都是中國擅長「文伐」的明證。「文伐」的最高手法，就是派我的謀士做敵人的宰相。戰國時的秦國就常常暗派張儀犀首做敵國的宰相，歷史上有明白的記載，那眞是不戰而屈人之兵了。適應彈性綜合性的戰略，必富於變化，但是只有變化而無勝負原理，就沒有主腦，惟有孫子能於變化中探討出勝負原理，可以執簡馭繁，這就是孫子兵學所以最適應當代戰爭的道理。

我最初接觸中國戰史與中國古兵學是在童年時代，我的故鄉是安徽盧江，合肥的鄰縣，是當年淮軍區域，這一帶老百姓非常羨慕軍人，男孩子八九歲就讀春秋左傳，左傳是容易引起研究軍事動機的書籍，我也是在九歲時讀左傳，所謂春秋四大戰役，不但耳熟能詳，而且讀來津津有味。十一歲時，日本軍閥製造濟南慘案，殺害蔡公時先生的照片刋在新聞紙上，使童年的血沸騰，使我開始讀孫子十三篇；可是當時內心懷疑：孫子兵學能否用現代武器表現？能否搬上現代戰場？又覺得孫子像一句一句格言，不像完整的理論，後來抗日戰爭證實孫子兵學可以整套搬上現代戰場；但是內心又產生一種感想，外國兵學可能比我們高。這種感想一直到越戰發生後，我才明白中國古兵學可貴。

詹森總統增兵越南，完全違反戰略原理，孫子說：「知勝有五：知可與戰不可與戰者勝，識衆寡之用者勝，上下同欲者勝，以虞待不虞者勝，將能而君不御者勝。」美國以自由世界的主將同極權的三級嘍嘍—越共戰，違反第一條；以數十萬大兵在越南沼澤叢林裏打游擊，違反第二條；勞師費財，打不求勝利的戰，必然引起人民反對，違反第三條；常常有若干百架飛機，在機場被炸毀，違反第四條；前方飛機轟炸目標由詹森指定，違反第五條；全違反了，自然有敗無勝。詹森說他是打不求勝利的戰爭，眞是最傷民心士氣宣傳，而且旣然他打的是不求勝利的戰爭；就必須要能持久，要持久必然要節省兵力，我當時估計如果詹森只出三萬兵，無大利亦無大害，等到增兵超過十萬時我斷定美國結局一定很慘，一定要向人求和，一定要損害到我國，當時我十分焦急，五十四、五年間我常常向人提出一句口號，就是兵學援美。我是熱愛美國的，因爲他是我們百年友邦，二次大戰後他又是自由世界的主將，軍援經濟十分友誼，我們不可不把我們一日之長的兵學去幫助他。兵學輸出必要一部合適的註解，外國人不能直接領會古代辭語，像「奇正」、「形名」，我們註錯了，他們就譯錯了，我決心作孫子註解工作，我的註解（孫子精義）有幾個要點：

(a)過去註解，從沒有擧例，我對重要的地方一一擧戰史爲例，尤其多擧越戰爲例，使人知道孫子兵學在當代戰爭中如何運用。

(b)把孫子理論納入一種完整系統（見本文前孫子兵學介紹）。

(c)把前人未曾註的，像「奇正」，「紛紛紜紜鬬亂不亂」等等作詳盡的註明。

(d)把古人註錯的地方，像「形名」等，加以改正。

經過我這修改補充，可以使孫子的勝負原理顯在我們眼前。孫子勝負原理可分爲靜態的與動態的兩部分。靜態的勝負原理共有：

(a)五校之計。——廟算

(b)知勝有五。——將能

(c)知彼知己。——戰略之形成基礎

(d)修道保法。——立於不敗之地

(e)稱生勝。——戰爭中敵我形勢判別

這些道理都非常簡單，只要稍加說明與修正，即可適應當代戰爭，其一，所需要說明的是「稱生勝」，這和西方所謂「優勢」約略相似，但所謂「優勢」含糊而

「稱生勝」精確，例如越戰時美軍之於越共可謂優勢，然而九年苦戰，終不免求和撤退，而致越南淪陷，問題在於雖「優」而不「稱」，美以自由世界大將與共產世界小丑（越共）戰：勝之，於共產世界無大損害；不勝，則自由世界不可收拾——不稱。美以數十萬精兵與越共每組百數十人之游擊隊，在森林、沼澤、與熱帶之雨區作捉迷藏式之游擊戰——不稱。越共方面所費小，美軍方面所費大——不稱。越共費小可以持久，美軍費大，不可以持久——不稱。觀此四點，則「稱」全在越共與共產世界，「不稱」全在美國，故美雖優勢而終不免於敗退。反觀岳飛以數千之衆對曹成數萬之衆，而以步兵擊曹成丘林地帶之騎兵，以騎兵擊曹成平地之步兵，一朝而勝。可見孫子雖說「勝兵若以鎰稱銖」，有優勢之意味，而其所謂優勢之「稱」，實包涵地形、人事、戰術等估計在內，而非單指兵員之多寡與武器之優劣而言。

其二；所謂應修正者爲五校之計，孫子所指五校之計：爲「主孰有道？將孰有能？天地孰得？法令孰行？士卒孰練？」係專指武力戰而言，若改用於當代戰爭之彈性戰，綜合性戰，隱形戰，則應改爲「主孰有道？將孰有能？工業學術孰優？政治文化傳統孰良？民族性孰優？」以上五項爲敵我雙方之基本對比，但是敵我雙方難得有五項對比中皆佔優勢或皆劣勢之理，萬一在五項對比有優有劣，則以何者爲決定，我的答案是「主道」與「將能」共佔60%，有決定性，這也就是開頭所說的戰略是絕對的權威的道理。明瞭以上兩項道理，就可以了解如何運用孫子的靜態勝負原理。

至於孫子動態勝負理論，就比較奧妙，也極爲精采，爲諸家兵學所無，值得特別提一提，我想用一句俗話來說破；這句俗話就是——形見勢絀。

勢藏在形裏，形暴露盡了，勢也就窮了，反過來說：「形潛藏者，勢就不窮」勢窮就受制於人，就要敗了，勢不窮，就不受制於人，也就不會敗，所以戰略最高要求在藏己之形而暴敵人之形；要暴露敵人之形，必需先知道敵之潛形在何處。所以能察敵人潛形爲戰勝的第一課，所以姜尙告訴周文王說：「旣見其陽，又見其陰，乃知其心。」可見察敵人潛伏之形最重要。潛形：一般說來，在民族性，在生產潛力等等，其實民族性，生產潛力；還比較顯現，容易估計。「主道」，「將能」才是最潛伏的形，最難估計。

能察出敵人的「主道」、「將能」才眞正察出敵人的潛伏形，察敵人主道將能之外，還要了解主與將的情緒，縱然主有道，將有能，如果一念驕矜，則形見而勢絀，陸遜之破關羽與劉備，都由於善察敵人情緒的原因。

已瞭解敵人潛伏之形，必須設法使之暴露出來，待到敵人形見勢絀之後，才可施以打擊。這就是——「先爲不可勝，以待敵之可勝。」

這種「待」，絕不是守株待兎，而是不斷的採取行動，以暴露敵人之潛形，但是在暴露敵人的形動中，若把自己的形也同時暴露出來，必然爲敵所乘，所以必須是——「形人而我無形」才合要求。要求有了，方法呢？方法就是「奇」、「正」，李靖認爲奇正是孫子兵學的核心，李衞公問答中記載，唐太宗言「朕於戰爭時能識虛實，每以實擊虛致勝」，李靖說：「今但以奇正敎諸將，而虛實在其中」可見李靖對奇正重視。可是所有註孫子的對奇正都沒有下一個定義，包括李靖在內。

我爲了要適應兵學援美的要求，經過長期的思考，根據孫子自己的話，爲「奇」、「正」下一個定義：「正」是「發勢」，「奇」，是「蓄勢」。舉例來說：如聲東擊西，聲東爲發勢是正，擊西爲蓄勢是奇。

奇正的作用呢？可以分爲消極積極兩面來說：消極地說，知道奇正，就可以勢中藏勢，不窮不敗，譬如：聲東是勢，擊西也是勢，可是擊西就藏在聲東裡，這就是說明勢中可以藏勢，勢中能藏勢，則勢永不窮，也就永不敗。所以孫子說——「三軍之衆，可以受敵而無敗者，奇正是也。」積極地說：奇正可以改變敵人虛實面而達到形人致勝，例如：聲東則引敵人備東，備東則西虛，可以便於我之擊虛而致勝。所以孫子說——「以奇勝」。但是「奇」如發動就變爲正，如我之奇變爲正而止，同時敵尚未敗，那麼我的勢仍就窮了。所以必須能使正再變爲奇。這樣奇正相生，若循環之無端，才能永遠不窮，永遠不敗。古代戰例，像韓信垓下破項羽，先爲中間突破，再變爲兩翼包抄，三變又爲中央突破，這就是奇正相生的實例，我們面對當代一串小型戰爭，最重要的就是奇正相生，若循環之無端，才能長保不敗，正化爲奇尤爲制勝秘訣，我們不可不知。例如唐朝李靖佐趙王李孝恭，利用雨季豪雨，突出三峽，大舉進攻荆州蕭銑，蕭銑部將文士宏率兵數萬迎戰，照理唐孤軍深入，利在速戰，可是李靖認爲敵軍「氣未衰」，宜待其衰而後擊之。趙王不聽，必要出戰，李靖分軍一半，升山以待，趙王果敗。敵兵大掠，身皆負重，李靖乃縱兵擊之，大破文軍。李靖臨戰之時，分軍一半升山以待，就是正復化奇的例證，也是致勝的秘訣。

「形人而我無形」是要求。

奇正是方法。

但必備一個條件，那就是——

因敵制勝，因敵之變化制勝。

孫子說形人有兩句名言「予之敵必取之，形之敵必從之」，爲什麼能使敵人必取必從，主要就在能因敵，如果不因敵，那麼予之敵人不取，形之敵人不從，那就形不動人了。第二次大戰中，希特勒命赫斯空降倫敦，其目的當然在試探和英攻俄。不久希特勒攻俄了，可是邱吉爾反而飛俄宣佈與俄並肩作戰，這就是希特勒予之而英不取，形之而英不從，希特勒開始落敗了。需知邱吉爾個性堅强，不列顚民族性沈毅，再加有美國援助，英國當時「勢未窮」，並不急於求和，希特勒怎能以和去形他，更怎能先暴露攻俄之形？如果希特勒在攻下法國之後，就發動美國人出面和談，英國人如果聽從和談，則希特勒潛形永在，永不致敗，如英國人不聽美國人和談，那麼英國將失去美人支持，勢就窮了。敵人有潛藏必有變化，「因敵」必須知道敵人的變化，赫斯飛英，英國把他招待在一個親德派公爵的家裡，可見邱吉爾必然接受了，只是未表面化。可是希特勒一攻俄，邱吉爾就一變站在俄國那邊，這是希特勒不能因敵之變化制勝之例。所以制勝的條件，必須因敵，必須因敵之變化。

勝敵之第一要件，在察敵之潛形，察敵之變化，察敵之潛形與變化就是預測未來。「預測未來」是兵學方法最獨特的一點，也是應付當代戰爭最重要一點，美國人講實證主義，不預測未來，所以不能應付當代戰爭。

以上只是談到孫子和孫子兵學的中心——勝負原理。中國兵學，在漢高祖令韓信修兵法時，就有一百多家；但是我認爲最重要的只有六韜、孫子、吳子、三略，另外還有鬼谷子，六韜相傳爲姜尚所作。古代兵學的作者的傳說集中在兩個人，其一爲黃帝、其二爲姜尚，（因爲兩人皆大軍事家，兵學與軍事的關係是自然的。）黃帝傳有陰符經，有后風握奇圖，但是均太簡單，比較完整的兵學應該以六韜爲第一部了。六韜顯然是別人記述姜太公和周文王周武王的對談，內容雖無孫子嚴謹，但陳義之高超過孫子，孫子對於「道」，只說一句「道者令民與上同欲」，可是六韜的文韜完全陳述「道」，武韜全是「政略」，（其餘四韜可以不讀）在這一方面實在高出孫子之上，再就周文王不過百里之國，用姜尚傾商，至武王牧野之戰，其間不過十九年而統一中國，再看武王大會八百諸侯於孟津，復又散去，遂造成殷商的總崩潰，其謀略之高的確前無古人後無來者。吳子爲儒家之兵學，所講的乃明恥教戰，三略爲政略巨著，講明統御、理國、號召、統戰之原理，而推源於道德，所以；孫子爲兵學之綱，六韜爲謀略之源，吳子爲敎民備戰之術，三略爲盛衰成敗之理，至於鬼谷子乃外交之原理，戰國策爲其運用，皆爲外交戰略必讀之書（鬼谷子絕無遁甲奇門之術，今其書俱在可以考證）。所以，六韜、孫子、吳子、鬼谷、戰國策三略乃戰略家必讀之書，其理論皆精湛高超，但此處不能備述。此等書籍大都起於周初之姜太公，經春秋戰國而終於漢初黃石公，正當中國民族國家形成之際，中國兵學乃中華「民族融合時代」之智慧與鮮血之結晶，漢以後民族融合已成，遂無獨特之兵學了。目前乃「世界人類融合」之期，所以造成白熱化之世界性鬪爭，乃歷史之必然發展，而非偶然現象。人類之融合本可有二途：其一，爲由國際平等而進入大同，其二，爲目前之白熱化鬪爭。在大西洋憲章公佈時，世界本有進入大同之希望，不幸爲雅爾達協定所粉碎，而變成今日之白熱化鬪爭途徑。如果羅斯福總統精通兵學，不會高估日本陸軍在喪失本土後尚能在大陸抵抗，也就不會簽雅爾達協訂，請求俄人出兵東北了。所以不管由那一條路進入世界統一，中國兵學乃必需之工具，學中國兵學必須學中國戰史。戰史如文章，兵學如文法，凡是學作文的人都知道文章比文法更重要，英國李哈特先生深知當代兵略家必需由戰史與中國兵學磨煉而成，而不單是由戰場或軍事學校鍛煉而成，因爲戰場與軍事學校太小了。

(2)當代戰爭的新形態

十年越戰與中東之戰爲世界戰爭帶來許多奇詭的現象：在本年五月二十四日中

國時報所載：美國記者與美國防部長的一段有趣問答，其中最有意味的一段：

「越南的淪陷，誰最勝利？」

「蘇俄也是最獲利的。」

這一問答最有意味，戰爭已結束，尚不知誰是獲勝者，這是當代戰爭新形態，與第一、二次大戰迴然不同。中東之戰尚沒有結束，當然更不知道誰是獲勝者。但是誰主動地打了勝仗，照理總應該知道；可是事實上，到現在沒有人說出誰主動打了勝仗。遠者，姑且不論，在一九七三年，當季辛吉先生，從北平訪問後飛往中東時，曾說「現在以埃應該是以××年疆界談和的時期了」，一般人認爲滿有把握導致和談，沒有想到，不到幾天埃及打過來了，更沒有想到戴陽將軍乘機反擊，攻過蘇伊士運河，埃及只有接受停戰，可是一萬個沒有想到阿拉伯國家，來個石油漲價，鬧得整個世界經濟人心惶惶不可終日，這一戰究竟是「誰勝誰？」世界上尚沒有一個人說過，只有一個第八天的人幸災樂禍地喊叫：「天下大亂了！」。

「誰勝誰？不知道。」是當代戰爭的新形態，這有三重意思：第一是誰主動打的，不知道。第二，誰獲得勝利的果實？不知道。第三，用什麼方法打的？不知道。這樣多變多元的渾沌戰局，請問，西方的兵學如何應付？十年來的當代戰爭——越戰，使世界兵略昇高，高到「誰勝誰？不知道。」的境界。「誰勝誰？不知道」的戰爭西洋戰史極少前例，只有在中國戰國時代常常出現——燕伐齊就是一例，所以中國古兵學能適應這種戰爭，爲什麼會有：「誰主動打的？不知道。誰獲得勝利的不知道，用什麼方法打的？不知道」呢？因爲許多戰爭發動者都運用第二者打擊第三者，而自已不出面，所以一般人不知道誰是發動者、獲勝者，越戰是一例，中東之戰是一例，應付這種戰爭必須有深入的滲透與高級的外交戰略。這種戰略運用，就是中國孫子兵學上所謂形人而我無形。「因形而措勝於衆，而衆莫能知」這就是彈性戰綜合性戰所發展成的「隱形戰」。「隱形戰」是當代戰爭的新形態。

讓我們來看一看事實，越戰是北越主動打的呢？中共主動打的呢？還是蘇俄主動打的呢？在越戰之初，沒人知道，所以詹森才魯莽的昇高越戰，出兵援越，今日越戰已經結束，還是沒人知道。北越國弱兵少絕不敢主動打這一戰爭，最初中共常常責蘇不支持北越，後來中共協助尼克森和談，越戰和談後，在去年春又突然昇高了，造成越南淪陷；這又是誰支持北越，聰明的人認爲是蘇俄，大致不錯，但是蘇俄爲什麼這樣做呢？所以越戰自始至終，誰主動打的？不知道，戰果呢？北越還是北越，並沒有得到越南，中共和蘇俄又得着什麼？所以誰獲勝不知道，用什麼方法打的，世界人士論越戰勝負言論紛紛，沒有一個人搔着癢處，一般人認爲越戰失敗是由於詹森打不求勝利戰爭，那麼我要請問，韓戰打不求勝利戰爭爲什麼不敗，又有人認爲詹森打反游擊戰是失敗的主因，那麼英國在馬來西亞打反游擊戰爲什麼會勝。所以到現在爲止，自由世界到今天好像沒有一個人能認識越戰，所謂「誰勝誰不知道」，並不是眞的無人知道，而是一般人不知道，但在懂兵學的人一看就知道，戰爭是欺騙傻子的，被騙的人，當然不知道。有人問我：越戰到底誰勝？我的答案極簡單明瞭，越南既無戰爭資源又非衝要地區，他們打越南的目標是美國，所以在這場戰爭中，誰贏得美國親近誰就是獲勝者，獲勝者就是主動者，用什麼方法獲勝的，因爲他略知中國古兵學十之一、二……不能再深說了。

最後，我們要說明隱形戰中之滲透戰，滲透戰也就是孫子兵學中所說的用間，間諜戰之書汗牛充棟，對孫子五間之說，一般人均耳熟能詳，不必贅言。此處所稍加提出者爲太公之文伐與孫子之反間，文伐若范蠡進西施爲順敵之心，而使其腐化之間諜，似尚不在孫子五間之內，或有人問：「鐵幕內之敵人，早已堵絕腐化，如何能使用范蠡進西施之計？」余答之曰：「任何個體都有其自我腐蝕之一面，不一定爲好色或好貨，若好大喜功，或殘忍好殺，皆其自我腐蝕也，能因其勢而利導之即爲「文伐」之方略，愚者必好諛而喜自用；奸者必好自詭而思人之不我知，上之所好，下必有甚，個人之自蝕，久之則爲集體之自蝕，卽文化之自蝕。在人之能察其潛，與察其性耳。」孫子重反間；故曰：「五間之事主必知之，知之必在反間，故反間不可不厚。」孫子之重反間，與太公之文伐，皆因敵制勝之術，當代戰略之四原理完全可用於滲透戰。隱形戰爲當代戰爭中之最厲害戰略，而滲透戰又爲隱形戰中之最重要因素，故特約略提出之，能善用文伐與反間，則鐵幕雖固，亦極易穿透。

利用第二者打擊第三者；與滲透戰在隱形戰中常互相配合，茲仍以燕伐齊一戰爲例，秦昭王欲伐韓而畏楚魏之救韓，又畏齊閔王之强，故欲以齊委之天下，欲天下攻齊。楚怨齊獨得宋，欲得宋之地。魏欲乘機離間齊秦，趙與燕從親，燕欲連趙攻齊，趙欲濟西之地。故樂毅率燕趙楚魏之兵，大破齊於濟西，樂毅獨進兵滅齊，楚又轉而使淖齒救齊。淖齒殺齊閔王，又爲齊人所殺。樂毅因反間計被撤換，田單大破燕軍。所以這一戰是戰國時代大混戰，當時只知道燕昭王發動，而不知道秦國更是主動的發動，結果誰最得利呢？誰也不知道誰最得利，但秦國却乘機攻下韓國許多要地。至於富强之齊爲何面對這樣局面，而一無警覺，又再戰而逐亡國？當時誰也不知道，等到戰國策交待出來，才知蘇代受燕昭王密計，打入齊國，爲齊閔王大將，連賣兩陣於燕，才造成大敗。（以上均見戰國策，燕策秦策魏策），這一戰乃很好的隱形戰中運用第二者攻打第三者而又用高級外交人員滲透合併運用的實例。能知此理則可知未來十年之世界戰局，這是許多國家，都想利用第二者打擊第三者，同時又有許多國際政客與間諜在操縱的結果。現在俄、美、毛、埃、敍、以、巴游均盡力從事於中東及非洲，都想打打隱形戰，而且連以色列、埃及都有一兩顆原子彈，將來熱鬧可大了。

第四章　戰略原理之運用

戰略有關名詞甚多，如一線沿長，兩翼包抄，中間突破，還有什麼鉗形攻勢，杜赫主義……等，其實這些都是一種戰法，而與謀略尙有距離，不如中國古兵學，二分戰略爲「奇」「正」，最合理想與實用之方便，爲什麼呢！第一、戰法是數不盡的，第二、所謂戰法大都只適用軍事戰，而不適用於政略，外交，軍事之複合的變化的彈性戰、綜合戰與隱形戰的當代戰爭。所以要研究戰略，以「奇」「正」爲澈上澈下的方略，其下者如李靖所謂束伍進退分合之法，其大者如國策之「和」「戰」。所以要了解當代戰略，必須澈底了解「奇」「正」。

第一節　奇正之涵義與實例

「奇」「正」之見於兵學，以孫子爲首，（老子說：「以正治國，以奇用兵」

。與孫子所謂「奇」「正」，大有出入，故本篇所用之「奇」「正」以孫子爲宗。）孫子上所說的「奇」並非專指「奇謀」，所謂「正」更非指「正規」，孫子上的「奇」「正」，是有更廣泛的含義，可是一般註孫子者都不了解「奇」「正」的眞正涵義。（一百十八家註解，以及日本、英、美譯本都是一樣。）唯一了解之註釋家，只有魏武帝、李靖二人，說到這裡讓我們先看看孫子自己的話，孫子上對於「奇」「正」一共有四句話：

⑴三軍之衆可以受敵而無敗者，奇正是也。

⑵凡戰以正合，以奇勝。

⑶奇正相生如循環之無端。

⑷戰勢不過「奇」「正」，「奇」「正」之用不可勝窮也。

要解釋「奇」「正」，必需完全符合以上孫子四句話，方爲正確，如果有一條不包涵在內，就不是孫子本義，也就是解錯了。

首先我們看看第⑷句，戰勢不過「奇」「正」，則奇正屬於戰勢，而爲戰勢之二分，毫無疑義。那麼要解釋「奇」「正」，必先瞭解孫子之所謂戰勢果何所指，孫子對於戰勢，只有兩句話：

⑴勢如張弩（蓄勢）。

⑵激水之激至於漂石者勢也（發勢）。

我認爲以上兩句話，就是孫子對於勢的解釋，孫子認爲勢只有「蓄」和「發」。可見孫子說：「戰勢不過奇正」則「奇」「正」爲戰勢之蓄與發可知，所以，我註解「奇」爲「蓄勢」、「正」爲「發勢」，是符合孫子說「奇」「正」的第⑷句話的，也許有人問我，「你爲什麼不解釋作「奇」爲「發勢」、「正」爲「蓄勢」，我請他看孫子說奇正第二句話：「凡戰以正合，以奇勝。」合爲對戰，則爲發勢無疑因而奇亦必爲蓄勢無疑，再說：蓄故能發，發亦需能蓄，譬如國術，一手發，則一手蓄，發之手又收而爲蓄，蓄之手又放而爲發，故奇正相生，如循環之無端。若作「奇謀」與「正規」解，則如何相生，若循環之無端，因爲「奇」「正」相生能如循環之無端，則變化不窮，變化不窮，所以能受敵不敗，所以我之解釋「奇」

為蓄勢，「正」為發勢，絕對符合孫子描述奇正的四句話，而確屬孫子本意。（關於正之如何再化為奇，乃戰略之要點、制勝要訣，已在前段言之詳矣，不再贅述）再者余在某軍事學術機構演講「奇」「正」時，曾有問及「奇是否陰謀？」又有問及「奇是否為預備隊？」余當時答以「預備隊加陰謀即為奇」，蓋以奇為準備打出之詭秘第二手也。（故蓄勢即包涵有奇謀之意。）而攻防之著眼點皆在此神秘之第二手（如敵攻東則我備西）。我這個解釋，在李衞公問答得著有力支證，李衞公問答中引證魏武帝話：「先戰為正，後戰為奇」「先戰」豈非「發勢」，「後戰」豈非「蓄勢」，李衞公亦以為然，先賢後賢若符節。至於一百十八家註解，大抵為場屋之參考書。流傳雖廣，安及古聖之心，外國譯本，亦依據一百十八家註解，錯誤更不足責。既了解「奇」「正」之定義後，必須進一步了解，奇正有相反之義；如「聲東」與「擊西」，相反，「兩翼包抄」，與「中間突破」相反。（中間突破與兩翼包抄，為相反戰法，而惟中國韓信垓下戰，乃能聯合而當作奇正相生，循環使用，（韓信當時所將為數十萬之大兵團，而能如此運用靈活，眞乃偉大之指揮官。）「奇」「正」之義既已了解，吾人必需進一步明瞭「奇」「正」在當代戰爭中運用之實際。

當代戰爭之彈性戰，打打談談，則「打打」爲「正」，「談談」爲「奇」，奇正本無定指，但以先發爲正耳。自古實戰戰略之着眼點，皆在奇（即詭秘之第二手）例如漢景帝時，周亞夫禦吳楚七國之師，吳楚攻東，亞夫備西，是防禦以敵之二手（奇）爲着眼，勾踐之欲沼吳，而先爲之臣，是「攻」亦以第二手爲着眼，識得此意則知奇正之當代化運用。

更有進者，如前所說，正復化奇，爲制勝之秘訣，蓋惟優良之戰略家，始能辦到，庸將則辦不到，何以有辦到辦不到之分？余曰：凡庸將魯莽無知，常常想一舉擊潰敵人，故計無二著棋，兵無預備隊，必常爲敵人所敗，第一、二次大戰之德國與第二次大戰之日本皆是也。詹森迅增兵五十萬人於越戰亦是也。不但軍事戰，政略戰亦如是，毛酋常喜沸沸揚揚發動大規模對內鬥爭，其內勢窮而無以爲繼，乃必然之理。故良相治國必蓄餘法而不用，良將作戰，必有餘謀而不施，故凡治國用兵不務道德而輕用刑罰與詐力者；亡不旋踵。讀者試觀，前章所舉史例李靖之戰文士宏，如非臨敵李靖分軍登山，則不能蓄勢，必爲文士宏所破矣，有人或問：「如當時李靖不分兵而與趙王併兵一向，與分兵叠戰，其力之比相等，照理一樣可勝。」此乃不知敵我消長之理，如李靖與趙王併兵而戰文士宏，則兩軍同時拚死，未知鹿死誰手。李靖分兵登山，趙王與文士宏戰，兩軍相搏皆懼敗而拚命，文士宏雖勝而力已疲，及其旣勝，兵爭擄掠物資，則鬥志全消，而後李靖蓄銳以乘之，則敵消而我長，故操必勝之權。故戰略家，如不明敵消我長之理，亦不知奇正之用。又如越戰初起，美如出兩三萬之兵，而助長越軍之志氣，復發動泰軍攻寮共，以拊北越越共之背，再請中國出兵以挑毛之怒，毛如不出兵則北越腹背受敵必敗，而毛受天下之笑，遭共黨國家背棄。如毛出大兵，則美可大出飛機而加以飽和轟炸。（當時泰境卽停飛機數百架至本年春始撤退。）待其疲困不堪，再增陸軍以乘其弊，不難一舉而擊潰，故優良戰略家每喜以我之偏拚敵之全，待敵之將勝而氣消之際，再用生力軍以乘之，必能敗敵。蘇俄史魔之兩次保衞沙利津（卽史太林格勒。）皆竊用此等戰略而奏效，此乃敵我消長之理，古今皆同，此乃我國古戰略之所謂治氣之術，知此，卽知奇正之用。美國不解此理，先出五十萬兵，使敵之偏消我之全，加以氣候，沼澤，游擊戰之不利；美雖多兵無所用其力，待美兵疲民弊，反戰潮遍起，毛共和以誘之，俄共又助北越以乘之，遂使美軍撤退，越南淪陷，以如許強大之美國而敗挫於區區越南境內，該由不知敵我消長之理，不知奇正之用，所造成之悲劇。

總而言之，與敵人戰，知蓄有餘之力與謀，則能化正爲奇，而達奇正相生，知以我之偏消敵之全，蓄我之謀與力，以乘敵之弊，則知敵我消長之理，奇正之用，與勝負之數。

第二節 「形人」與「無形」之實際與活用

以上已經說過，敵人之潛形有五：一曰工業與學術之發展，二曰主道，三曰將能，四曰政治與文化傳統，五曰民族性，以上一、四、五、三項皆可經常察知，惟主道與將能則需用方法探測，就是需用形人之方法使他暴露出來。形人而我無形，就是用方法暴露敵人的形，而不暴露我的形，這是一般人都能懂，但怎麼個形法？這可分為二種，其一用「動」來形敵，作一個試探行動，來看看敵人的反應，從敵人的反應，來看看敵人的虛實與將略的深淺，例如唐太宗之戰竇建德，方唐太宗攻洛陽，經久戰之後始圍洛陽，而竇建德自河北率大軍渡河援洛陽，太宗以兵力不及，惟分兵圍洛陽而自守虎牢以阻其援兵，是時唐兵疲而糧亦不多，實求決戰，乃縱馬於河北就牧，欲誘致竇軍而破之，竇軍果至，陣於虎牢關外，自辰過午，太宗登高以望之，曰敵未經大敵其軍不整，乃收馬還，遣宇文士及出二百騎以挑之，誡之曰：「敵不動，則速還，敵動則舉烟火而戰。」士及出，敵果爭出赴戰。太宗率大軍乘之遂擒建德。太宗之縱馬就牧河北，及敵至而既疲，而以二百騎挑之，當時竇之軍約二十萬，唐太宗兵亦數萬，只出二百騎挑戰，則其為餌兵無疑，如竇軍有節制，曉兵法，則餌兵勿食，必靜而不動，乃竇軍爭出赴戰則其一無將略與節制，實已昭然若揭，故太宗縱兵擊敗之，此是以動形人之好例，孫子所謂，予之敵必取之，形之敵必從之，以「動」形人此之謂也。又如，共產集團製造韓戰，美國遂出兵採取警察行動，北韓亦求和。是美國警察行動，小有收獲。共產集團因而料定，如再製造小侵略，則美必又採取警察行動而又可和談。（有限度戰爭）乃於天時地利人和皆比韓國大大不利於美國之越南製造侵略，果然美又出兵採取警察行動。但是這次天時（雨多），地利（沼澤），人和（和尚自焚，政變疊出），皆不利於美。三萬軍不夠，五萬，十萬……五十萬。中間又加以談和，但這次和談也不同了，談談而又打打。等到反戰潮起來了，美國打不成了。再求和吧！朝北平吧！撤兵了吧！快樂了，但是，北越又打來了，於是越南終於淪陷了。韓戰把美國喜歡作出警察行爲，而打了又喜和的國策完全「形」出來了，所以才有越戰，這也是以動形人的例子。但是我們要更深一層了解，無形也是形人之一法，例如：陸遜死守以使劉備移兵就山林蔭涼之處，並待其兵疲意阻，卽是最好的例子，陸遜死守不動以待其兵疲而移營，正是以無形爲形人之良例，唐太宗亦嘗用此法破劉周武宋金剛，凡使敵潛形盡露之方法皆形人，而死守不戰，常常爲極高之形人好法，左宗棠入陝以後，數年而後攻甘肅，得甘肅後，又數年而後攻新疆，亦是以無形形人之術。故孫子曰：「始如處女，敵人開戶。」如我不靜如處女，敵人又安能開戶？六韜說：「鷙鳥將擊，卑飛斂翼，猛獸將搏，弭耳俯伏，聖人將作，必有愚色。」都是以無形形人的道理。我們如果拿這個道理來衡量，當前美俄毛三角鬥爭，就可見三個都不高明，俄利用美毛矛盾，而結果召來毛挪美，毛欲挾美制俄，現尚未必得美，而與俄及亞洲共產國家作下仇恨，美欲聯毛制俄，未能制俄而先癱瘓自由陣營，當前三者亂動，造成核子武器分散，而使世界鼎沸，尤其是中東，動一髮而牽動全局，將來可能危及三者生存，倒不如不動，反而可以保持均勢。故曰：「一忍可以制百勇，一靜可以制百動。」三者均不知此，殊爲可笑。尤其是美國，既無併呑天下之心，又有核子傘自衞，又何必投身毛蘇鬥爭之漩渦中，而放棄自由陣營。反之如果美國能堅守自由陣營而埋頭研究中國古兵學。俄毛知美既無野心，又學會當代戰略原理，不便欺騙。則必暫置美於度外，如是美國可以蓄力而俟二敵之弊，三國時代，曹丕親征臨江，不見孫權之兵與動靜，因問劉曄曰：「敵兵出否？」曄對曰：「彼見陛下親率大軍臨江，實欲鈎出彼兵，而另用他將由他道深入，恐將不出。」結果孫權果然不出，而曹丕亦廢然而返，故靜能制動，實有至理存在，由上所言可知無形可以制人，亦可以形人。三國之中，蜀採攻勢最多，最先亡。魏採攻勢亦不少，結果雖未亡於外，而養成鷹揚之將司馬家之勢，亦亡於內。吳則多採守勢，最後亡，可見在敵我智力相若之條件下，亂動者先亡。吾人能見及此則對戰略有一層更深入之認識。知無形之可以形人，則知奇之可以爲正。唐李靖曰：「庸將只知奇之可以爲奇，正之可以爲正；而不知奇亦可以爲正，正亦可以爲奇。」正是指此而言，故知「無形」之可以「形人」乃可言奇正矣！

復次，我們已知形人，是暴露敵人之形；但是要更進一步要知道，形人也有把敵人造成我們所要的形。唐太宗之牧馬於河北，誘敵人攻是也，陸遜之久守不出之造成劉備移營亦是也，共產集團之以韓戰造成越戰談談打打，亦是也，所以形人的初意是暴露敵形而最高構想是使敵人跟着我跑，敵人的潛形暴露，計與力都盡了。而我的計與力尚有餘，則敵人自然跟着我跑。譬如拔河，敵力盡，我力有餘他當然就跟着我跑。

第三節　戰略原理之政略運用

一般人對上述勝算與制勝術之運用於武力戰與外交戰，大都不太存疑問。對於運用於政略則大都不能理解。其實如果能了解奇正的道理，我們一切都能渙然冰釋。「正」與「奇」的基本解釋，就是第一手與第二手，而非正常與非常，老子說：「以正治國，以奇用兵。」的「奇」是只有奇詭非常的意思，與我這裡所說的奇是從孫子的「奇」的解釋大不相同。如把「奇」看爲奇詭非常，則不可以爲政略。如果認爲奇爲第二手，則可以爲政略。孔子說：「張而不弛，文武不爲，弛而不張，文武不能。一張一弛，文武之道也。」㈠一張一弛就屬於奇正。所以，無論是政略戰、外交戰、武力戰，都在著眼在第二手。當第二手用出來時，（奇化爲正時），又有第二手的第二手。（正又生奇）這樣才能運化不窮。單就政略說：開國之初，政簡刑輕，與民休息，爾後生齒日繁，則應開其財源，明其教化，孔子說：「旣庶矣！富之，旣富矣，敎之……」一般歷史所載政略過程最多到此爲止。如再進步，則國泰民安，復歸於無爲，今之澳洲，聞幾近於是。政治之所謂無形，卽國泰民安無爲而治。至於一弛一張爲形之變，矛盾爭吵爲形之竭，紛亂叫囂爲形之潰。皆爲形之暴露，必須知此而後知何者爲形人，何者爲無形。例如：共產主義者每謂資本主義爲利潤追逐與市場爭取，利潤發展則貧富不均，市場發展則市場飽和，是卽其所謂經濟恐慌。故共產黨每以挑起工人革命與發動殖民地革命以形成自由世界矛盾爲「形人」。而自由世界則認爲共產國家必極權，共產與極權均爲人性所厭棄，久之必喪失多數，統制者與被統制者對立。所以自由世界以持久而待共產世界之矛盾爲「形人」。自由世界每以許多均貧富及社會福利政策，及調和市場（如歐洲共同市場，及互惠商約）以消滅其矛盾，至於共產國家，無根本消滅矛盾之方，其惟一辦法，爲在不斷鬥爭以救矛盾之潰亂，而另以鐵幕阻隔其矛盾之形使外人不能見。觀此則知政略之形人而我無形之實際，知此則知本篇之所謂戰略原理可運用於政略之基本概念。

第四節　優勢與劣勢之轉換

面對絕對優勢之敵，吾將奈之何？面對絕對優勢之敵吾不可以強與之爭，孫子曰：「小敵之堅，大敵之禽。」而對此大敵，吾人當首先效法姜尚文伐之法，先引發敵自身之腐蝕力，凡人性必有所偏，有所偏必有所好，好之極則失其正，失其正，則其命傾，此乃文伐之原理，請看六韜之文伐篇：

文伐

文王問太公曰：文伐之法奈何？太公曰：凡文伐十有二節：一曰，因其所喜，以順其志，彼將生驕，必有好事，苟能因之，必能去之。二曰，親其所愛，以分其威，一人兩心，其中必衰，廷無忠臣，社稷必危。三曰陰賂左右，得情甚深，身內情外，國將生害。四曰輔其淫樂，以廣其志。厚賂珠玉，娛以美人。卑辭委聽，順命而合，彼將不爭，奸節乃定。五曰，嚴其忠臣，而薄其賂，稽留其使，勿聽其事，亟爲置代，遺以誠事，親而信之，其君將復合之，苟能嚴之，國乃可謀。六曰：

收其內，間其外，才臣外相，敵國內侵，國鮮不亡。七曰：欲錮其心，必厚賂之，收其左右忠愛，陰示以利，令之輕擧，而蓄積空虛。八曰，賂以重寶，因與之謀，謀而利之，利之必信。是謂重親，重親之積，必爲我用，有國而外，其地必敗，九曰，尊之以名，無難其身，示以大勢，從之必信，至其大尊，先爲之榮，微飾聖人，國乃大偸。十曰：下之必信，以得其情，承意應事，如與同生，旣以得之，乃微收之，時及若至，若天喪之。十一曰：塞之以道，人臣無不重貴與富，惡危與咎，陰示大尊，而微輸重寶，收其豪傑，內積甚厚，而外爲之，陰納智士，使圖其計，納勇士使高其氣，富貴甚足，而常有繁滋，黨徒已具，是謂塞之，有國而塞，安能有國，十二曰：養其亂臣以迷之，進美女淫聲以惑之，遺良犬馬以勞之，時以大勢以誘之，上察而與天下圖之。十二節備，乃成武事，所謂上察天，下察地，徵已見乃伐之。觀此則知文伐之大概，面對強敵，未有不先施文伐。太公文伐，文種七術，皆爲極膚淺，而極有效之引發敵人自蝕之方略，文伐之着眼點在肆其慾，閉其智，而縱其愚與狂。其法猶貴在塞其賢路，開其小人之路，越之誘吳，啓伯嚭而塞子胥。故必製造局勢，使其小人之所言皆應而有功，使其賢人之言皆不應而有過，所以文伐是另一種滲透。如敵非絕對優勢，則轉換之術有二：其一曰，亟肆以疲之，多方以誤之，亟肆以疲之，必以我之偏形敵之全，若春秋時晉悼公之三分四軍，配合諸侯之兵以爭鄭，楚疲於奔命三駕而楚不能與之爭。子胥之弊楚亦然。「多方以誤之」，玆舉一例，李靖告訴太宗說他教邊戍漢蕃之兵，皆分服裝旗號，使漢軍漢服，蕃軍蕃服。太宗問其何意。李靖答以漢人長於矛戟，蕃人長於騎射，皆人所知，如臨陣易其服而戰，敵必敗。太宗稱善，此法至宋狄青時尚用以勝西夏。此種方法其實卽「奇正相生」之術，不過此處用在解釋多方以誤之而已。其二曰使敵人幫我打勝仗。說明此一原理可舉孫臏破龐涓之戰略爲實例。當龐涓打下趙都邯鄲時，孫臏引齊軍直攻大梁，致使龐涓煮熟的鴨子飛了。龐之憤可想而知，勢必欲得孫臏而後甘心，龐涓第二年又伐韓，孫臏又引兵攻大梁，在我的判斷，這次龐涓伐韓，必非眞伐，龐涓素習兵法，去年攻下邯鄲，爲孫臏鬧吹了，今年又攻韓，難道不怕又被孫臏鬧吹，可推想此次龐涓伐韓，志在鈎出孫臏而殲滅之，故其攻韓必爲象徵性兵力，而其大兵必留在大梁，來捕捉自投羅網的孫臏，果然龐涓一攻韓，孫臏又來了（這小子被鈎出來了）龐涓竟動用太子將兵由大梁傾巢而出。而孫臏的兵呢？拔腿飛跑，初日為十萬灶，次日為五萬灶，三日只有三萬灶，龐涓看了掀髯大笑，「看你小子往那跑？」日夜尾追不捨，待至馬陵道已暮，見大樹有白堊書，因舉火照之，原來孫臏的大兵盡埋伏在馬陵道兩旁，並預下令曰，「見火光則萬箭並射，」可憐，龐涓竟舉火照樹，恰好引發萬弩。總觀這一戰，孫臏大勝，全由龐涓幫忙，龐涓如不欲鈎出孫臏而殲滅之，孫臏尚無法把龐涓誘至馬陵道，龐涓至馬陵道大樹下，如不自舉火照堊書，則伏兵尚不知龐涓何在，龐涓尚不會中箭。總之這次擊敗而殺死龐涓，全由龐涓自己幫忙。這原是「形人」之最佳戰例，因敵人之形我，而反形敵人，所謂借力打力，太極拳之最高理想。夫敵人雖強，若我合敵人自身之全力而共傾之，則沒有不被打倒的道理。龐涓前年攻趙而孫臏攻大梁，今年又攻韓難道不怕孫臏擣其虛，稍少知戰略者一眼看出不合理。不合理必有詐，孫臏何等人物難道看不出詐，而居然自投羅網，則孫臏所作更不合理，更有詐。我在前章曾說

：「變而不合理必詐。」卽指此等事，惜龐涓不察，遂幫助敵人殺死自己。孫臏之破龐涓爲千古極佳戰例之一，此例可表明，形人而我無形，因敵制勝。使敵人幫我打勝仗，就是因敵制勝之最高型態。我們能知道文伐，亟肆以疲之，多方以誤之，與借敵人的力量幫我打勝仗，則可使敵優我劣轉換爲敵劣我優。

第五節　戰略草擬之要點（此處所謂戰略仍然包括政略與外交戰略）

多算勝，少算不勝，這是孫子指示戰略草擬之要點。但是究竟要怎樣實施呢？這裡打算作扼要的綜述：

第一，經之以五較之計以算敵我之長短優劣。（基本勝利或失敗之條件）

第二，特別要算敵之將能主道，以算敵企圖深淺精粗及志氣之朝暮。

第三，對於算敵我之所知與不知，其企求何在，知此諸項則知其形人爲何，無形爲何。知其形人與無形，則知其奇正設施。

第四，知上三者，則可算敵我形勢。

第五，知敵我形勢，則知敵我勝利之條件。

第六，知上五者，則可草擬我方戰略。

草擬戰略必需注意下列各點：

第一：戰略三原則（多算勝）

(1)大包小：（範圍性）

大包小卽使敵人戰略包涵在我方戰略之中，而爲我方戰略之部分；則我必勝而敵必敗。當前美匪之戰略運用，乃是美企圖藉匪制俄，恰恰包涵在匪挾美、制俄、瓦解自由世界與製造美俄衝突、對消之內。

(2)長勝短：（發展性）

長勝短卽使敵人之戰略包含在我方的發展內。如越戰，美國增兵越南企圖造成在越戰場之優勢，以迫匪與北越和談，而未考慮到戰爭拖延後之反戰潮；然匪則考慮到種種拖延政策，與美國群衆輿情之滲透，而製造美人之反戰潮，使詹森總統垮臺。

(3)精勝粗：（精密性）

精勝粗，即使敵人的戰略佈署在我方的精密度內。如尼克森知攻擊胡志民小徑可以打中越共之要害，但不能預料胡志民小徑之必有防禦，而用空降奇襲，致墮入敵人砲兵陣地中，而被殲滅。

第二：戰略形成之三過程：

⑴最後勝利之基本條件之認清與構想。

⑵當前戰略形勢之認清與攻擊敵人戰略之著手。

⑶優勢之奪取。

一切戰略以先知道⑴爲最重要。因不知道⑴則不知道勝負屬誰，則爲浪戰。其次則爲知⑵，不知⑵不知由何下手。⑶爲⑴與⑵之過渡或橋樑。三者缺一，則戰略爲空想。就實施之次序言爲⑵⑶⑴，就草擬計劃言之爲⑴⑵⑶。

第三：戰略之三誡條

⑴每一戰略方案，必有內在的明確之判斷、目標、與行動要領。

⑵不可認爲只此方案百分之一百可以擊潰敵人，故每一戰略均需有奇（後備戰

略）。

⑶奇正之演變，必需不離開我之勝利基本條件，（魚不可脫於淵），及使敵人不離其基本失敗條件（立於不敗之地，而不失敵之敗。推而廣之，則爲道勝。見下章）。

第六節　勝之根源——道勝

孫子曰：道者令民與上同欲，一般情形，民與政府有時合，有時不合，當詹森總統昇高越戰轟炸河內時，美國人民異常喝采，當時恰在大選前夕，故詹森之票房紀錄昇高，可是到了越戰膠著化時，反戰潮起來了，詹森爲美國選民罵得體無完膚。可見民情是不固定的，一會兒贊成，一會兒反對，在長期過程中令民與上同欲，實不簡單，主要的秘訣是在使賢人在上，不肖者在下，這個使賢人在上則舉措得宜，人心佩服，唐德宗時，海內望治，而誤用盧杞竟致天下大亂。德宗逃避奉天之後，而文用陸贄、李泌，武用李晟，馬燧、渾瑊，賢人在上遂呈安定之局，故自古至今咸以得人爲天下慶。此爲道勝之主要綱領，至其目則有六：

⑴立場與眞理和諧

六韜說：「行其道，道可至也，從其門，門可入也，定其禮，禮可成也，爭其強，強可勝也。……與人同病相救，同情相成……故無甲兵而勝……」，從這一段短文裡，我們可見到下列眞理：第一，道必須我們爭取。那也就是說，我們必需服從眞理，然後得道多助。我們如果換一種說法，我站在多數一邊，多數也站在我這一邊。這對剛愎自用的人說，是最困難的事。自古剛愎自用的人，必在戰爭中被敵人打下馬來。例如楚子玉、項羽、拿破崙、威廉第二、希特勒，都是敗在剛愎自用上。所以兵識曰：「柔能克剛」又曰：「柔者德也。剛者賊也。」天下惟有柔者，能學習，能發展，能生長，能適應。而剛者，如金剛怒目，氣凌一世，最多不過做個把門神而已。昔漢光武衣錦歸南陽大會親故，諸姑姐妹有竊議曰：「文叔少時，別無所長，但一味柔耳……」帝聞之笑曰：「朕治天下，亦止柔耳。」主軍國大政者，如能得一柔字，亦可以得入道之門，而預卜其大吉大利了。當我們的立場與眞理合時，敵人如亦站在眞理這邊，則不敢進攻我，如與我相反而妄行攻擊，則彼必敗，玆舉史實以爲例說：東晉自桓溫下世，舉謝安、王坦之爲相，謝安又舉謝石、謝玄、謝琰爲將，一時賢人在朝，舉措咸宜，他的敵國符秦，當王猛在時，守道自持，不興兵攻晉，王猛臨死尙囑符堅說：「晉室正統相承，謝安江表偉人，我死之後，願君王勿以東南爲事。」故當時秦晉雖對立而彼此相安，及王猛謝世，符堅失道，違衆南伐，淝水之戰一敗塗地，故使國家立場與眞理和諧，則有勝無敗。

(2)個人與總體和諧

人之所爲，皆出自個體慾望，而個人之生存賴群體國族之保護，個人之慾望，與總體之要求不盡和諧，玆舉二次大戰中之一小事以說明之，阿狼陀爲美國東海岸之夏令遊樂勝地，每夜樂聲悠揚，灯炬輝煌，二次大戰中曾有德國潛艇至阿狼陀外海偸以炮擊，雖潛艇上之炮口不大，但政府爲安全計，將岸上實施灯火管制，美國避暑之人皆抱怨說：「這個夏天完蛋了。」這是一個人與總體不和諧之一例，另外一例是和諧例子。晉文公登有莘之墟以望師曰：「少長有禮，其可用也。」古代陣戰臨敵，前行稍險，故以少壯居前老弱居後，然人之天性各愛其生，孰願居先？晉文公觀師見少長有禮，則知個人與總體和諧，知其能戰，最要緊在一「禮」字，「禮」與「法」皆調和個人與總體之矛盾，不過，法由於強迫，「禮」由於啓發培養。「禮」包括風俗教育，長久之禮則成爲文化，成文化則深入每個人骨髓，而牢不可拔了，故欲個人與總體和諧，則莫若禮。

(3)文與武和諧

「國家安在於相，國家危在於將，將相和調則事務附。」這是劉敬告訴陳平，而欲爲「平」「勃」交歡的故事，可是司馬法說：「國容不可以入軍，軍容不可以入國。」文武自古皆有若干岐異，將相爲高階層人物，必有過人智慧，調和甚易。而一般人與事的調和則不易。魏摩來將軍說：「越戰之敗，敗於美國隨軍記者，其意是指記者報導因而引起反戰潮。（見其越戰回憶錄），調和文武，第一，在有允文允武之領袖層，第二，在有允文允武的教育。文學校必修一些戰略科目，尤其是政治系、文學系、新聞系。武學校必修一些政治學與群衆心理學與演說學。

(4)我與敵、友、中立之和諧。

友人及中立者與我和諧，人人能懂。怎樣與敵人和諧？因敵致勝是也。（前已詳說不贅。）抑有進者，湯之伐桀而夏民不非，武王之伐紂而殷民喜悅，麥克阿瑟之佔領日本，而日人愛念不忘，皆能與敵和諧，此乃眞勝全勝。

(5)遠見與現實之和諧

羅斯福有建立聯合國之理想主義，福特又高呼現實主義，在一般人看起來，遠見與現實不易調和，其實非常容易調和。如何調法；余答曰：「通中國兵學中之「先知」之法是也。」余在五十五年詹森剛昇高越戰時，即先知美必敗退，越南必淪陷，余之先知載在余所著孫子精義P. 4之註解中，其詳見前章「先知」所載，玆不再贅。遠見如不聯通當前之事實，則爲幻想。現實如看不見明天，則爲死路。常見賣雞者，取公雞數隻，置於菜市之籠中，公雞不知其將被殺，而鬥於籠中，我想這些公雞不能算是現實主義者吧！總之遠見與現實必需相通，相通則爲有道，不相通則不爲死路即爲幻滅。如何才能相通呢？學會中國古兵學中之「先知」。故國家的戰略思想必須順著歷史發展，所謂順天者昌。

(6)「保民而王」與「在戰鬥中生長」

上列各項已將道勝作一概括說明。此處更需將道勝作一更具體的解釋。既曰道，又何以有勝與不勝之分？孟子曰「道二：仁與不仁而已。」仁者好生而惡殺；不仁者好殺而惡生。天地之大德曰生。萬民之同慾曰厚生。好生者，天與之，民歸之，故曰得道多助。多助之至，天下順之；故曰仁者無敵。好殺者天怒之，人怨之，故曰失道寡助。寡助之至，親戚叛之。故曰獨夫。又曰聞誅獨夫紂而已。但是既曰仁者好生又何以有戰略。須知好生者非但啓其生生之理，必須還要保其生生之安全。所以孟子曰「保民而王。」啓其生生之理，而不能保其生生之安全，則民仍將去之。美國自第二次世界大戰以後，漸漸失去保衞自由世界之道。所以自由世界，逐漸離開美國，而使去年美國布里辛斯基先生有「美國處在充滿敵意的世界」一文之發表其感歎。美國雖有啓世人生生之理，而無保衞自由世界之手段與績效，故仍然不勝。所以孟子提出「保民而王。」確爲立言之聖。美國人不懂這項道理，而空怨世界之敵意，與自欺處在充滿敵意的世界。眞是不知「道」之過。「保民」就涵有武備與戰略在內。所以言道勝，言仁者無敵；而不言戰略，那實在是一句空話。孔子曰：「有文事者，必有武備。」又曰：「善人敎民七年，亦可以勝殘去殺矣。」所以王政不可以無戰略。不過王政的戰略目標在好生，在勝殘去殺。所以左傳上記載楚莊王說：「夫武，禁暴、戢兵、保大、定功、安民、和衆、豐財者也。」這就是「保民而王」的註解。也就是王政不可以忘戰略的道理。而爲王道生道的戰略目標下一句定義：「禁暴、戢兵、保大、定功、安民、和衆、豐財。」

上面一段，是說道勝的戰略目標的判別。這裡要說的是道勝的戰略本身的判別。孫子曰：「是謂戰勝而益強。」「戰勝而益強」就是在「戰鬥中生長」。戰爭而敗自不消說是有損無益。卽使戰勝也有「益強」「益弱」之分。武王克商，而奠定周朝八百年文明。晉文公敗楚於城濮，而奠定二百年的霸業。英國的大破西班牙無敵艦隊，而形成二百年大英帝國國旗無落日。這都是戰勝而益強。反之若吳王夫差敗越於夫椒，文帝用楊廣收陳，五代李存勗滅梁收蜀均導致本身滅亡；大英帝國打勝一二次世界大戰而導致大英帝國崩潰。皆戰勝而益弱，甚至趨向滅亡。所以戰略有兩種：其一，在戰鬥中生長；其二，在戰鬥中消滅。這裡所說的生長與消滅，不單是指物質方面，而且也指精神方面。其在物質方面，則爲雖戰勝而消耗太大。其在精神方面，則爲戰勝而驕而惰而不義。春秋時晉厲公勝楚於鄢陵，在物質方面固無削弱，但戰勝而君汰臣驕，卒至君弑臣大而導致三家分晉。在物質方面的解釋，上兵伐謀，其次伐交，其次伐兵，其下攻城。伐謀則消耗最小，故爲上；攻城消耗最大，故爲下。這是戰略本身符合於道勝的物質觀點之判別。孫子又說：「不戰而屈人之兵，善之善者也。」不戰如何能屈人之兵？自然伐謀伐交也可以說是不戰而屈人之兵。但是伐謀伐交到底尙有隱形之伐。隱形之伐亦是戰。拙著孫子精義解釋孫子「不戰而屈人之兵。」一段中有如下之記載：「兵以義動，以勢成。動而非義則失道寡助而失勢。動而失勢，則義者空言也」。德人克勞維茲曰：「戰爭在以我之意志加之敵人之身。」故屈人之兵者，屈敵之志也。然屈人之志者，必包括兩層意思：屈人之義，屈人之勢。二者缺一不可。義勢在握，則不戰而屈人之兵矣。若李左車勸韓信休兵於趙郊而招燕逼齊，卽其例也。戰略能常使義勢在握，則國運昌隆。所謂「道勝」，所謂「在戰鬥中生長」者，此也。

第五章　從歷史看戰局

自二次大戰以來，世界一直在戰爭氣氛中，今日由於交通的發展，武器的發展，地球只有中國戰國時代一個縣大。地球的政治統一只是時間問題。這是歷史的發展。誰不怕在這發展中淪爲亡國之虜？因此誰又不在積極講求戰略戰備？所以從第二次大戰至地球統一，在歷史上應是地球性的戰國時代，對這時代的一舉一動，我們都應該警惕地予以戰略透視，而不可等閒視之，世人爭誇和平，在我看永久和平就是地球統一，也就是說，誰勝利地結束地球性的戰國歷史。在這一段時期中，無論政治經濟教育藝術，誰要認爲可以離開戰略，誰就是白痴，這是我們必須認清之一。

這種世界性的戰國時代，它的戰爭要素有五：㈠科學軍備競賽（就是工業學術競賽）㈡有限度戰爭㈢縱橫捭闔㈣滲透與統戰㈤經濟戰：這五項都用戰略配合在一起，而加以總合運用，而決勝的因素則爲滲透與統戰，何以故？因爲自核子彈發明以後，誰也不能用武力佔領對方，但是他們運用滲透與統戰可以使對方重要人員變成我的工具。隱形戰是當代戰爭中最厲害的一種，而滲透與統戰又是隱形戰中重要的戰法。

共產國家，便於使用鐵幕隔阻滲透，這是他的優點，但是由於鐵幕必需極權和共產，極權和共產同時也妨害教育與經濟的發展，共產國家面對長期戰爭性的競賽，必需深厚的學術與經濟力的支持，所以他們被迫必需在「接受教育與經濟萎縮」或「稍稍開放極權」之間作一選擇，現在共產國家之所謂修正與反修正，正表示在作選擇的邊緣，這是我們必須認識之三。

共產國際終於分出兩個大壁壘——蘇俄和中共。這兩大壁壘會不會撤消呢？會的，那就是在兩個國家合併以後。在沒有合併以前，他們的自相矛盾是比任何國與國之間的鬥爭還慘烈，因爲他們之間彼此都知道對方是最凶辣的敵人。他們將以二虎競食，「瓜分自由世界與共產世界爲他們勢力圈」始，而以「自相殘殺」終，這是我們必須認識的時代性之四。

中共能獨力消滅蘇俄嗎？不能，蘇俄能獨力消滅中共嗎？也不能。所以中共與蘇俄都必需要爭取與國，尤其要爭取美國，這就是近年來國際縱橫捭闔大風大浪，與美國政策大風大浪的眞面目。必須瞭解這點，才能洞澈當前世界局勢與未來的變化，這是我們必須認識之五。

中共也好，蘇俄也好，他們爭取與國的方式，並非只靠邦交與貿易，他們最喜運用打擊滲透與統戰，尼克遜震撼的最大震撼不是外交政策的搖擺，而是他如被中共挾持將爲美國帶來多少中共的滲透與統戰。我們要知共產國家對待與國並不信任他的餌，而是信任他的餌內的釣鈎。我們深深驚訝，美國兩位總統競選前都需要先往北平，這是我們必須認識之六。

如果毛尼聯合勢必危害蘇俄，蘇俄是何等警覺的國家，立即同印度簽訂互不侵犯協定，立卽發生印度與東巴之戰，又立卽發動歐洲會議，美元的貶値固然是實質存在的經濟現實，但歐洲市場大量拋售美元，何嘗不具有催生意味，蘇俄在這聯串外佈形勢之後，布玆湼佐夫又曾單刀直入訪問美國，其全力爭取美國之用心實與中共無二，可見未來的白宮主人在中共與蘇俄爭生存的戰略上是何等重要，誰肯讓誰呢，這一爭奪是千奇百怪，博大艱深，其爭奪手段包括上列五項戰爭要素爭奪範圍將遍及全球，當這一爭奪見分曉時，就是世界戰局勝負見分曉的時候，這是我們必須認識之七。

現在能預測這一戰爭的未來分曉嗎？論力量是蘇俄大，論外交手腕與滲透是中共狡滑，但是這裡有兩個未定因素，其一，毛澤東日薄西山；此人死後中共對內對外的力量均有相當時期的削弱，而且飽含內變的未知數。其二，美國是一個大國，有二百年的輝煌歷史。深山大澤，實生龍蛇，美國這樣民族一旦清醒必然會產生相當數目的民族英雄。如果清醒及時，挽救美國與自由世界頹勢必無問題。這是我們必須認識之八。

問題所在，如何能使美國清醒；詹森在任期的末期，舉國反戰如狂，越戰之困滯如膠，而詹森繼續猛烈地增兵，他應付國人的攻擊只有一句話：「不這麼辦怎麼辦？」當我在報紙上看到這一句話時，確實引起我無限的沈痛的歎息，任何一件事都有許多途徑，許多方法，這是常識，怎能說：「不這麼辦，怎麼辦？」難道詹森的心目中對任何事只有一條路嗎？美國人似乎不喜歡做太多的思考。韓戰發生，杜魯門總統費了兩小時決定出兵參戰。同時，他們高度工業社會，使他們需要快，也習慣快。但今天，美國更需要的是勝利。我深深地盼望美國領袖們能深謀遠慮從容不迫，更希望他們能學通中國古兵學，這樣地球所有權才不會命定的只是兩個暴燥蠻橫兒童所爭奪的玩具。這是我們必需認識之九。

展望未來：目前有許多人注意北韓侵略的企圖和中東的和解，這些固是非常重要，但不是最重要的。最重要的是本文第二段一－九項認識所描述世界戰局的眞面目，至於如何挽救的方法，我這裡不可詳細地寫出，但有一點我必須寫出：「如果美國的重心能建立而堅固地放在自由世界這邊，則世界才有眞正的均勢，而無論那一國都可以生存下去，以等待文化融合。反之，如果美國站在莫斯科或北平的任一邊，則世界均勢立刻失去，而戰雲就密佈在地球上了！英明美國的領袖們極需把這理由告訴美國公民與政府，也可以透過美國政府把這道理好好地開導中共與蘇俄，教他們知道玩火的後果。依據我的觀察，他們並不敢眞玩火；只是在美國重心未建立，一忽兒近蘇，一忽兒近中共，他們才被迫不得不玩火了。何以故？近蘇則中共孤立而必需用狡謀以求生，近中共，則蘇俄孤立而必需用狡謀以求生；如果美國堅定地站在自由世界這邊，既不親蘇，也不親毛，則蘇毛自成均勢，誰也不敢先動。也許有人要問，如果美國在蘇毛之間中立，毛蘇會不會聯合打美國呢？不會的，他們目前只有想用滲透來侵入美國，但絕不敢用兵力來撞美國。因爲前者可以挾美自重，後者則驅美爲敵所用。抑有進者，美國除堅守自由陣外，必需學會當代戰略原理（中國古兵學）不然以羅斯福，杜魯門，詹森都是想守住自由陣營，但都守而不能堅。何以不能堅？因爲他們都不懂中國古兵學，因而不懂當代戰略原理，不能應付當代戰爭的震撼。締造和平也需要戰略啊！

現在美毛與蘇俄，各方俱在磨礪以需。韓國、越南、華沙公約內部、古巴，最可怕的是中東。埃及之喪失，中東之失利，蘇俄已難忍耐，而毛又極力聳動美俄火併。數年來，蘇俄之深恐美毛夾攻，極力備戰。布玆涅佐夫之加元帥銜，正意味一些動向。總之戰雲四佈，只看華盛頓大選：選出一個既不親毛，又不親俄的出來；則所有戰雲皆將被風吹散。如果不幸而選出一個親毛或親俄的出來，那就要大亂了。最好是選出一個堅定站在自由立場而又精通中國古兵學，十分能應付當代的彈性戰、綜合性戰與隱性戰的那就好了。精通戰略才能締造和平！

㈠註，見禮記雜記

第六章　美國如何爭取外交主動

——「世界和平」外交呢？「美國遠離戰爭」外交呢？

凡求人謂之被動，使人求我謂之主動，外交亦然。此爲大多數人所共知之事。問題在於如何則能使人求我。

國與國大多有共同之利害，誰能以共同利害爲號招，則其相關國家，必應聲影從。但利害雖相同，而誰爲主角仍屬疑問。任主角者必爲強有力者，方能居重馭輕。昔中國古戰國時齊桓以尊王攘夷相號召，乃歛衽而朝泗上諸侯。宋襄公亦以尊王攘夷號召而竟傷身喪師。蓋齊爲大國，宋爲小國故也。三國時，曹操矯召發諸侯兵以討董卓，而推袁紹爲盟主，袁強而曹弱也。今日石油問題關係以阿問題，原爲中東問題現爲世界問題，而以阿和談，必以美蘇爲共同主席，蓋美蘇有力量，而戰略形勢強也。故外交之主動與被動，實決定於力量及戰略形勢。知此則知外交實爲戰爭之另一面。戰略形勢強則爲主動外交，戰略形勢弱則爲被動外交，戰略形勢相等則爲平等外交。何以爲言戰略形勢而不言力量，蓋以戰略形勢可以包括力量，而力量不能包括戰略形勢。戰略形勢爲何？⑴目標，卽前所言政略號召是也。⑵力量與集團。⑶外交人材。合此三者，卽爲戰略形勢。戰略形勢強，卽可以取得主動外交。

二、美國如何爭取主動外交？

美國爲歷史僅見之不具侵略性之強大國家。這樣獨特的國家應如何爭取主動外交呢？先就號召言，號召必基於共同利害，共同利害有遠程近程、有大有小、有緩有急。就遠近程比較，則遠程佔優勢，就大小言，則大佔優勢，就緩急言，急佔優勢。故就政治號召（外交目標）言，苟能把握遠、大、急三原則，則其外交目標必有支配勢力。今日之世界和平是也。美國之號召如能高擧世界和平，則已經踏上主動外交第一步。

必然有人問及美國自立國以來，卽主張和平外交，由第二次大戰以後，致力世界和平不遺餘力。可是迄今並無多大效果，而且為了越戰中擔任警察工作，幾乎拖垮了美國。這裡我要特別提醒：世界和平是以「非戰爭」消滅「戰爭」於未發之先。美國以往所做的只是使美國遠離戰爭，而非消滅戰爭的致力世界和平，遠如不參加英法戰爭等，還做得相當的成功。可是，自第一次大戰以後，就不一樣了。美國兩次參加世界大戰犧牲慘重，而所獲甚少。從第一次世界大戰起，美國遠離戰爭的外交政策失效，原因是世界關係大緊密，而大英帝國沒落不能為美國屏蔽，而太平洋又有新強國出現；美國想遠離戰爭但辦不到。第二次大戰後，美不採取遠離戰爭政策挺起胸膛維持世界和平，韓戰越戰美國的警察行為，是具體的維持和平的表現，但美國維持和平總在戰爭爆發以後而且不能迅速卽終止戰爭，致戰爭常繼續下去，終於越戰的挫敗促使美國不得不放棄和平警察的初衷，而改向國際勢力均衡。換一句話說，走美國的老路。總而言之，眞正的和平外交是消滅戰爭於無形卽消滅戰爭於未發之先。如果等戰爭爆發之後再想去消滅他，那就旣困難而非和平眞義：問題在如何能消滅戰爭於無形，如何消滅戰爭於爆發之先。這有三個要素：第一，先知世界糾紛之所在，而預爲之備；第二，使和平勢力遠大於侵略勢力；第三，握有使侵略勢力屈服的工具，說明如左：

第一，先知世界糾紛之所在而預爲之備：十九世紀遺留下世界兩個亂源，一個是遠東的中日俄問題，一個是西歐的德法問題。這乃一眼可見人所共知的問題。其中尤其數億人口的中國在日俄交侵之間，而於俄國赤化以後，更增加其複雜性與威脅性，如果在廿世紀沒有一個強大自由的獨立的中國出現，則世界必被戰爭威脅。這一問題如果在一九二八年時，中國國民黨北伐成功後，美國卽加以注意，促成中國工業化自由化，則世界沒有第二次大戰。此乃至爲顯明之事。第二次大戰後，中國的侵略者之一—日本軍閥已倒下去了，惟一的可能侵略者只有蘇俄，防之猶恐不及，而羅斯福總統偏自引他進兵東北。中國安得不亂？世界安得不受戰爭威脅？我並不是責備這些往事，而是說明，和平政策貴能消患於無形。同時也說明患難、威脅和平的事態並不難先知，而問題在我們明知而故犯，不肯消患於無形。

第二，如何使和平勢力超過侵略勢力。這有各種不同的時代不同的看法。以往任何時代，我們都不敢斷定擁護和平的人比擁護戰爭的人佔絕對多數，因爲歷史性往往有許多人歌誦戰神的時代，可是今天我們肯定擁護和平比擁護戰爭者佔絕對多數。因爲這是熱核子武器分享時代，決戰就是地球性的自殺，絕沒有人擁護。所以在這個世界，廣結和平夥伴，遠比廣結侵略夥伴容易得多。美國過去在韓戰在越戰中所擔任的警察行爲由於不廣結維持和平夥伴而顯得太孤單吃力，韓戰時遠東眞空，美國不得不獨力擔任警察行爲，且那時美獨享有核子武器，獨使警察任務當無不能勝任之處。韓戰之拖長與後遺症，另有原因。（對戰爭之認識與處理不夠水準，因非本題範圍姑且從略）至越戰時，和平勢力在遠東已有日本、中華民國、韓國、泰國，其力量總和已不小於中共北韓北越之侵略勢力，可惜美國未能適當加以運用，所以未能善加運用的最大的原因，主要的是由於美國怕刺激侵略者，而擴大事態，我總覺得自韓戰至越戰美國總有稍稍放寬侵略者，以取得息事寧人之手段之傾向。我堅決認爲這是不知道「和平勢力壓倒侵略勢力纔能獲和平」的眞理。再者美國在締結和平夥伴之時，觀念重在區域安全，遠東有事西歐可以不管，沒有了解和平勢力集中運用之道理。這樣和平勢力雖多而不結合，故不大。這是以往美國在維持和平中失敗之主因。現在美國由於在越戰失敗，不再提倡警察行為而鼓吹均勢與國際多元化。這兩項說法，大致不錯。可是我們對這項事件加以深入探討，其一，均勢與多元化的歷史與時勢自然形成，而不是美國向某些侵略國乞求得來的。這歷史與時勢的趨勢就是熱核子武器分享誰也不能從結夥侵略獲益。其二，長期主奴關係誰也不能忍受，故侵略者之結夥，其難於維持常久，尤甚於和平勢力之結夥。可是雖然是歷史的必然產物，但是如人為不夠，則此歷史之產物即不能存在。比如當初如沒有大西洋公約和太平洋的警察行為則西歐之德法與遠東日韓，皆將化為侵略勢力之奴工，尚安有今日均勢與多元化。故多元化與均勢為美國長期抵抗侵略之果。如果放棄抵抗侵略，則現在所得均勢與多元化瞬息化為烏有。如果以乞憐於某一侵略者去抵抗另一侵略者為均勢為多元化，則將陷入可笑的失敗，因為你所乞憐的侵略者先要你付出代價，再要你去聽他的指喚。張伯倫向希特勒乞憐而惹起二次大戰。邱吉爾對希特勒戰鬥而擊敗侵略。成功的和平主義者，要明白昭告世界：「和平主義者不侵犯任何國家，但將毫不遲疑消滅侵略。」美國今日要想能維持和平均勢與世界多元化，必需更堅強結合和平夥件。

結合夥件的要點：一個大國要結合其他大國，必先行結合其他小國，有許多小國跟你在一起，纔會有其他大國跟你在一起。這道理是明顯的。惟有小國纔眞需要大國，尤其像美國這樣沒有侵略野心的大國。至於大國，或中等大國，對美國是有條件的結合。當美國有了許多小國的眞和平夥件，就有群衆、有力量、有市場，也就有了戰略優勢，而美國又不侵略，所以其他大國纔同你有條件結爲夥件。如果美失去了小國必然沒有一個大國或中等大國同你結合。美國每以小國爲負擔，這是不善用小國的結果，並不是小國眞沒有用處，而是美國不知爲小國派用場。

待小國之道：一般小國希望大國的是誠、信體恤與保護。今天美國對小國的體恤毫無問題，因爲歷史上美國從未要小國出多少錢出多少兵。剩下的就是誠信與保護了。小國對美國並不是希望純享權利不盡義務（這只有中等國家纔有這有條件結合的構想），在越戰時韓國、泰國都曾出兵。至未收效果那是戰略問題，也就是美國未盡善小國之道。在越戰開始時，本來規模很小，後美國願出兵彈壓儘可使用泰國部隊支援，其後稍稍擴大可使用中華民國及非律賓部隊。這三個國家再加上越南部本身部隊足夠應付越共與北越全力進攻了，美國只需出一支空軍在旁邊監視中共，就足夠保護越南安全了。何至於要美國徵兵數十萬苦戰九年而越南仍不免於淪陷的呢？尤其越戰期間越南政府數次政變，更是悲劇中的惡夢，歷史應永列爲鑑誡。決不允許再有了。也許有人懷疑盟邦之是否能應命出兵？在事實講，當時是可以的。凡應美邀請都已出兵可爲明證。在理論講，這是在美國與盟友訂立安全條約時，必須首先考慮到是核子傘保護，與盟邦部隊服務的相對義務。如果對這些尚有混淆與懷疑，那麼這一條約的基礎尚未成立。如果對這些沒有懷疑與混淆，則盟邦的出兵當無問題。

一切在越戰中表現得最壞：美國在接越南的擔子開始就沒有澄清目標——美國是否對越南有核子傘保護義務。美國這樣做，當然是懼怕把自己捲進戰爭。直接了當地說：美國所採取的政策，仍是過去遠離戰爭政策，而不是世界和平政策。越南的淪陷與美國在越戰中的失敗，統統是這遠離戰爭政策的後果，而非世界和平政策的後果。越戰往矣，未來呢？韓國的撤兵的爭論是一般對韓國核子傘的保護的懷疑。」對美國核子傘的懷疑，就是懷疑美國外交到底是和平還是遠離戰爭。這是越戰的後遺症，也是美國必需面對的問題，這一問題的解決，則美國如何結交夥伴，如何運用小國的力量的問題都可迎双而解。在當前熱核子武器分享時代，和平的需要絕對地普遍，因此和平勢力遠超過反和平的勢力。美國是一個不具侵略性的大國，只要美國能認清的歷史環境而勇敢實行就可以了，最後一個問題就是使侵略慴服的戰略家，三十年來有充份的締造和平的歷史環境，也有美國為和平努力，但可惜的就是缺乏使侵略者慴服的戰略家。更進一步說：所以未來澄清外交目標、強化和平勢力、慴服侵略者，就是缺少這一和平戰略家的問題。這就是我之所以提出當代戰略的原因。

歷史—熱核子武器分享時代使全世界人需要和平厭棄戰爭。

美國—世界知名不愛侵略的大國。

和平戰略家—精通中國古兵學者。

三者結合，啓開人類大同世界的黎明。

美國常常警告蘇俄中共不要混水摸魚。須知，沒有混水，何從摸魚。混水是因，摸魚是果。這混水是如何形成的。是美國外交目標不明確造成的。比如越南：美國自法國手上接過越南，卽未明確劃出目標，尤未說明越南是否受美國核子傘保護。因爲這種混濁不清的美越關係，纔引起中共北越挑戰的動機。纔使美在越戰中遭遇滑鐵盧。美國人喜歡說彈性，如果「彈性」二字只是造成「外交目標渾沌不明」的話，那末所謂「彈性」是有害無利的。其次，美國在外交戰略也常用混沌不明的藍圖。例如：在越戰時，美國人的戰略目標是不求勝利，打到敵人坐下和談。這一藍圖的混沌的地方，就是未說明：打到敵人坐下和談，比求勝利難得多——屈敵之志，遠比屈敵之力難。兩者，現在美國有一本著作叫做「美國面對充滿敵意的世界」，它的根據是指：接受美援國家（當然是小國），都埋怨美國。一兩句「怨言」就是「敵意」嗎？夫妻朋友也難免有一兩句「怨言」，那就是「敵意」嗎？如果根據這樣混沌不清的理論來釐定美國政策，那必然放棄小國，放棄和平的本錢，結果，使美國孤立於世界。

所以外交政策的目標必須鮮明，鮮明的旗幟必然比晦暗模糊的旗幟召力强。實施外交政策的理論與手段，必須精確。精確的理論與手段遠比模糊的理論與手段成功的機會多得多。今日美國確有掌握國際主動締造世界和平的勢，但看美國有無此能。

中華民國六十五年五月十八日脫稿

第二篇　强本篇（當代政治學精義綱要）

第一章　新時代新觀念

這一時代有一大特色，是國與國競爭最急烈的時代。這一競爭是地球政治統一的前奏——正和戰國時代是中國政治統一的前奏相彷彿。由於交通工具的進步使地球在時距縮小——縮小到跟戰國時代兩三個縣那樣大小。戰國時的最快交通工具是馬。馬的速度每天普通不過二百里，如果繞兩三個縣大約騎三天馬，可是現在如果以客機飛繞地球，也不過三天。所以在時距上，今天地球同戰國時兩三個縣同樣大小。由此可見地球的統一是歷史的趨向。每個國族均明瞭，優勝劣敗，而必出以急烈的競爭乃是必然的事。

地球統一是歷史的趨向，但統一方式則有兩種不同，其一，兼併式。其二大同式。在第二次大戰末期，羅斯福等提倡聯合國，以四大自由爲號召，頗近大同式。但是結果，爲羅斯福在雅爾達會議親手撕毀。遂使聯合國並未達到保護人類四大自由的理想，而僅成爲國際爭論的俱樂部。雖然杜魯門曾以聯合國名義出兵韓國。但只曇花一現，毫無結果。從杜魯門到詹森，一直保持自由與極權的對立。倒也使國際粗粗安定廿年。自尼克遜當選，首先在聯合國中排除了中華民國，而引進了最極權的中共，接着再誠惶誠恐地朝拜北平，國際政治開始鼎沸，譸張爲怪，任何條約，任何思想均不復存在。一切變爲陰謀詐騙，强存弱亡。可憐把歷史趨向的統一，由二次大戰末期的大同理想，一變而爲兼併的現況。

但這一兼併行爲，也不能直接暢快進行，而必需以曲折的詭詐的方式進行。原因在熱核子武器的嚇阻，使雙方都不能以軍事力量進行決戰。

總而言之在這短暫的時代，世界鼎沸，各國均採取曲折詭詐的競爭，以謀取勝利生存。這是時代特色，也就是我所說的新時代。

在這高度的白熱化的曲折詭詐競爭，自然最需要是「智慧」。個人的智慧，民族的智慧，政府施政的智慧。三者融合而爲優勝劣敗判分。政府施政的智慧是什麼？簡單地說是「高水準、高待遇、高效率。」換句話說：選拔人材，羅致人材，善用人材。——而且在人材之中，尤以政治人材爲第一。這就是我所說的新觀念。

何以說政治人材第一呢？請看二百年來富强康樂的美國，一次越戰錯誤就難辦；幾千萬學者專家的努力，敵不住政治家一次失算的損失。所以政治人材第一。——作爲當代的政治家，必須對軍事、外交經濟不僅有透澈的了解，而且還要有靈活的運用。所以選擇並培養一個政治人材遠比其他人材爲難。

我們要想通過這個時代考驗，必須要認識「新時代」，接受「新觀念」。

第二章　論政治人才

我所謂「政治人才」是指上篇所說的新時代的政治人才，也就是指在這「國際競爭時代」的政治人才。換句話說：撥亂反正之才，而非守成之才。這種政治人才必須能領導、明治理，而又精通戰略——包括政治戰略，軍事戰略，外交戰略，經濟戰略的綜合戰略——所謂守經達權的人才。老子說：以正治國，以奇用兵。能正能奇，纔能守經達權。纔是理想的政治人才。

我所以提出政治人才必須精通戰略，是接受美國在越戰中失敗的教訓。美國以絕對優勢，投資數千億，苦戰九年；結果在小小的越南沼澤裡，購買到歷史上最糊塗，最慘痛的失敗。因爲敗得莫名其妙，所以說最糊塗；敗到尼克遜投靠北平，所以說敗得最慘痛。這是由於詹森不明戰略，作了必敗的戰略決策所致。（詳見拙著孫子精義，幼獅書店出版。）由這樣深切慘痛的教訓，我們必須承認政治人才必需精通戰略。（當然所謂政治人才決非事務官。）

世界各國國情不同，他所需要的政治人才水準也不同：內閣制的國家與總統制的國家不同。大國與小國不同。處在衝要地帶與僻處偏隅不同。安定的國家與內亂的國家不同。內閣制——像英國——政府首要大都由政黨按步就班在國會中培養。他們和他們的政策都有範圍有軌跡可循。所以人才水準稍低尚可適應。總統制——像美國——選情變化莫測，政策變化莫測，因而適應較難，其所需要的人才水準自然較高。大國一舉一動，關係世界全局，人才水準須高。小國只因應潮流，謹愼將事，水準自可較低。處在衝要地帶的——像阿拉伯國家，——所遭遇的問題皆盤根錯節，人才水準當然要高。而僻處偏隅——像芬蘭、挪威——乃太平之局，水準自可較低。安定的國家，只需慮外患，自易適應；人才水準可以稍低。有內亂的國家，內憂外患裡外夾攻，自非超世人才，不能撥亂反正。在世界歷史，各國都有他的輝煌政治人才。但鄙意以爲中國應列第一。何以故？羅馬帝國大一統，不過四百年，崩潰以後，再不復合。大英帝國最光榮時代不到一百年，自美國獨立日趨下坡，迄今只剩下小小島國。拿破崙，希特勒，悲劇主角，更是曇花一現。蘇俄雖然數百年大國，但是也只數百年；而且所據之地，乃人所不居之苦寒之地。美國華盛頓是了不起，但是就只一個華盛頓。惟有中國據膏腴之地，從四夷交侵，列國鼎沸中，形成大一統，達數千年之久。所以從歷史上論政治成就中國第一；因而可以論斷歷史上我國政治人才，確具超世界水準。也許有人認爲這豈不是「以成敗論英雄」嗎？對的談政治只有以成敗論英雄。政治是救世的，失敗了就不能救世？還談什麼政治。

第一流政治人才，在中國歷史上不可勝數。禹湯以前史籍太簡，難以論列。就信史論列，有五位完美代表人物：⑴周之文武⑵漢高祖⑶成吉斯汗⑷明太祖。這五位，都是有經有權、撥亂反正爲萬民造福，在歐美是找不到的。

總而言之，政治人才，歷史傳統是中國第一，尤其是撥亂反正的政治人才，遠非歐美所能望其項背。中國人如果向歐美學政治，等於大學生進幼稚園求深造。這裡我要特別提出：我並非全部抹煞歐美政治理論。但是，我們必須知道政治理論是政治人才內涵中的一小因素。請看下圖：

- 政治人才
  - 天才
  - 政治素養
    - 一般學識：經濟、地理、歷史、國際知識、戰略
    - 領導力：知人、善任
    - 達練人情
    - 政治理論

由上圖可知政治理論，只是政治人才的極小因素。中國傳統是重視博大，善於吸收融化，歐美新理論新學識是可以吸收的。

政治人才是多面的，但是他的最要緊的是「知人」「善任」。這是中國特有的學問。古人說：臣師者王，臣友者霸。又說：尊賢禮士。這在中國政治史上，是家喻戶誦；但在外國則絕無僅有。當我讀到一則新聞說：詹森當一位處理黑人問題的助理來見時；他說："If I want you, I will call you"我的確震驚於其粗鄙，而預感到其政治前途之暗淡。知人善任包括發現人才，培養人才，起用人才，駕

御人才。歐美對此，大抵付之於政黨選擧。但是：法國的雷諾貝當、美國的尼克森那一個不是選的。中國對發掘、培養、起用、駕御政治人才有一套完整的辦法，下一篇再談這一問題。

第三章　怎樣培養政治人才

談到這個問題，我們必先爲「政治人才」下一個定義。欲爲「政治人才」下定義；必先爲「政治」下個定義。明瞭何爲「政治」；自然就明瞭何爲「政治人才」。中國對政治最有造就，所以中國對「政」字認識極早。論語上有一段：「冉子退朝，子曰：何晏也。對曰：有政。子曰：其事也，如有政，雖不吾與，吾其與聞之。」這一段話顯明指出「政」與「事」不同。國事謂之政，國以下之事，則謂之事。國作最高決策。國以下的單位，都只需奉行國的決策。一國的最高政府之最高立法與決策都是「政」。其外都只是事，而不是政。這一區分，古今中外大略相同。所以，近代國家的部院首長以上，凡對國家負責最高立法與決策的，都稱政務官。其餘都稱爲事務官。我這裡所謂政治，就是指那些政務和政務處理。我所謂政治人才，就專指能擔任政務官的人才。這並非說事務官中間卽無政治人才。而是說政治人才是以能擔任政務官爲標的。

政務處理和事務處理，到底有什麼不同呢？第一，政務爲國家「最高」決策，因爲是最高，所以執行政務必需負全責，沒有地方再推。第二，不管是立法，或是決策，都以全國爲對象。故必需掌握原則，而非就事論事。第三，執行法律和政策，都不是自己去做的，而是指揮統率別人去做的。所以，一個政務官所面對的是責任，政理治道，知人善任；而政治人才也就是負責任，明政理治道，能知人善任的人才。所謂政理治道包括對內、對外、國計、民生、在內。所以兵略、外交、軍事、教育等等都包括在政理治道之內，但都只是原則性的道，而非個別性的事。我們要知道掌握原則性的道，比處理個別性的事難得多。個別性的事，是非易判。而原則性的道，是非難明。這就是政治人才難得的主要因素。明乎此我們就知道培養政治人才的不易。

天下極少生成之才，故培育啓沃之功甚重。唐太宗常說：「朕每自謂理直，但遇魏徵之諫，方知理虧。……」以唐太宗之英明，尙時待魏徵之啓沃，何況他人。

唐太宗自知非魏徵不能匡正啓沃，故常留在身邊，可謂善於自我教育。木受繩則直，后從諫則聖，可見自我教育對於政治家的重要。古今中外的許多無知的政治家，自認爲天才，而不受人諫，以至於敗亡者，若項羽、拿破崙、希特勒之徒，肩相接，足相踵也，可不哀哉?!所以一個政治家如果說有天才的話，那就是善於納諫，善於接受人言，也就是說善於自我教育。也許一個政治家所需要的天才尚多，但以納諫受言善於自我教育爲第一課。這非但指守成的政治家，就是開國的，打天下的政治家，也必以納諫受言爲第一天才。漢高祖箕踞洗足以見酈生。酈生責他「興義兵誅暴秦不宜倨見長者」。他立刻接受。試問，秦楚之際的英雄們，那一個能像他這樣能受諫納言，自我教育。後來張良陳平酈生劉敬之徒前後諫高祖不可以數記，高祖無不欣然接受。尤其是劉敬，劉敬原名婁敬，齊人之遣戍西北者，過洛陽，謁見高祖，勸高祖棄洛陽都關中。須知這時，項羽已滅，天下大定，乃公正被王侯將相三呼萬歲擁上皇帝寶座，杯酒自豪的時候，乃能接見一個山東戍卒婁敬，眞是不可思議；而且竟因這位戍卒的一句話，卽日離開洛陽遷都長安，更是不可思議!!眞是天才的明主。這不是我在調書袋，而其中有至理存在。至理爲何？就是因爲政治包括萬有，縱使任何天才博學，也不能盡皆體察；故必須能聽言納諫，樂取於人以爲善的時時自我教育。懂得這點，就懂得政治，不懂這點，就不懂得政治。怎樣能聆言納諫呢？漢高祖聽酈生許多話，但是就不聽他建議封六國後。這就是漢高祖的「明」。惟明故能納諫聽言；惟聆言納諫故「明」。這是二而一、一而二的事。所以政治天才就只有一個字「明」。明的第一表現就是善於納諫受言以自我教育。

所以政治家，並不是人人都能勝任的。他必需具備一個天才「明」。不「明」就是缺乏政治天才。具備了「明」，我們纔能施以政治教育。否則非但緣木求魚，而且有後災。像王莽、王安石之流，在當時說起來，都是受過政治教育的，但是就缺乏一個「明」字，所以遺禍天下。不過光有天下，而沒有教育也是無用。像北齊的高澄、高洋，五代的李存勗。都是具有政治天才——「明」。但是因爲政治教育不夠，末路暴戾恣睢，自掘墳墓。政治教育有讀書，有閱歷，二者並重，不可偏廢。讀書所以明政理治道，閱歷所以達人情世務。一個政治家，如果只受過書本教育，而不達諫人情世務，就等於一個未經過實習的醫科大學畢業生，他是不能救人的。說到這裡，可以明瞭怎樣培養一個政治人才的輪廓了。另外一點，必需提出的；政治人才同別人一樣，需要吃飯穿衣與仰事俯蓄；今古對此安排大有不同。同爲近代亦因國而異。先談中國的，戰國以前，大夫皆有采邑，官多世祿。所以那時代的政治家，不愁生計。秦無制，漢興初取世祿，繼由宗室外戚。政治人才亦大多不愁生事。晉魏以後雖非世祿，但講門第，所以政治人才大體亦無衣食之憂。唐朝以後，科舉漸興，一朝及第，卽爲在籍，宦海周旋，雖俸入有豐儉，但亦大都無衣食之憂。所以中國古代從事政治的人才，大致都無生計之累，而能專心於政治活動。近代的英國亦與我國古代彷彿。以保守黨、工黨各就其牛津大學與倫敦大學吸引政治人才，一朝當選國會議員，展開政治生活，亦可以專心政治生涯，而無生事之憂。總而言之，古代中國，當代英國，大多都屬於職業政治家型的制度，所以能夠憂道不憂貧了。今天的美國則不然：選舉無常，選舉之勝負，出於聲望者少，出於噱頭者多。而且官俸太低，不樂此業。朝入暮出，無軌道可尋，所以他們的政治人才對生事甚至競選費都擔負甚重。因而他們很少職業政治家。而多是業餘政治家。我中國今天的政治人才儲備亦感困難。想學政治的青年，大多以就業爲憂。我有一個學生讀完政治系，又重考工科。這樣情形，當然不可能有憂道不憂貧的職業政治家了。職業政治人才與業餘政治人才，究竟誰優誰劣？姑簡論之：業餘政治家如漢高祖，職業政治家如張良。業餘政治家純講天才，職業政治家並重教育。業餘政治家大都是領袖型全重在一個「明」字。職業政治家大都是大臣型重在一個「良」字。業餘政治家大都是平民化的，洞達人情世故。職業政治家是貴族型的，兼重學養，如張良之圯上受書。但是政治事業之成功失敗，就在乎「明」「良」相合不相合？漢高祖用張良，「明」「良」相合，所以成功；項羽棄范增，「明」「良」相背，所以失敗。觀此可知職業政治家與業餘政治家，相輔相成，相依爲命了。但領袖型的業餘政治家是天縱之聖，而職業政治家必待培養。明乎此就可以知道挽救世運之方法，與培養職業政治家之重要了。培養政治人才可分選拔、教育、任用。茲分論之：

(1)選拔

政治人才純粹是爲國儲棟樑之材。而且政治人才在今天是背十字架的。何以故？伊利沙白泰勒，週薪片酬，皆過百萬。天下逢迎。而杜魯門兩任總統，負債累累，萬口交譏。從他們對人類的貢獻，比較人類對他們的報酬，就可以見出政治人才是背十字架的。下而言之，國務卿與大經理，又何可同日而語。平民本來就喜歡藝人、大腹賈；而討厭政治家。自古已然，於今爲烈。因爲今日是平民政治啊。今日政治家受百人之苦，討萬人之厭，而負億萬人之責，非背十字架而何？所以今日世界才俊之士，多不願學政治而爭趨企業貿易者以此!!但是人類社會之需要大政治家救民出於水火者，有史以來莫如今日。所以今日如果不優遇政治人才，等於置人類於水火之中。古時常識（基本學科）之需要少而不嚴。十載寒窗，則登龍有術。萬一不登龍，尚可轉而就商就醫。今日人如自小學至政治博士，又何止十年；一旦登龍無術，欲就商就醫，則年事已長，勢難再回頭，必至窮愁一生。世界才俊之士，所以不願考政治者，豈非確有至理？所以古之選拔優待政治人才在學成以後，即今日之英國亦然。而今日之需要，在選拔優遇政治人才於學成之前。簡明地說：今日選拔職業政治人才，應在高中、或高中畢業時期。選拔好了，卽給以待遇，送大學政治系讀書。自此卽爲在籍人員，或深造，或任官，皆由國家負擔。必須這樣我們纔可以得到第一流人才去學政治。此類選拔，不可太多；多則不爲人所貴重，而且也必需爲業餘政治人才留餘地。以收相輔相成。

怎樣選拔呢？選拔之道，保荐與考試並重。孟子說：「湯執中，立賢無方。」「立賢無方」確是古今不刋之論。立賢無方，大都由於保荐。不過古代保荐，大都出於成才之後，這裡所說的保荐在成才之前「指高中程度」。相當於古代貢神童。像唐朝的李泌、劉晏，宋代的晏殊，皆由此進，而皆成大器，今可照辦。（此在外國政治史中從不曾見，可見外國選拔經驗見解皆不如我國。）也許有人認這是極少事例。需知職業政治人才，本非豆腐青菜，原不需多。其二爲考試，不論保荐考試，目的都在選拔政治天才。政治天才是什麼呢？就是前面所說的「明」與「責任感」（「背十字架」精神）。也許有人要問，你前面，不是說過職業政治人才是大臣型重「良」嗎？我正確地答覆：所謂領袖型重「明」，大臣型重「良」，只是以大臣型與領袖型相比較，如與一般人比較，則仍是個「明」。怎樣選拔「明」呢？近代是「智力測驗」，古代是文章取士。看似不同，其實則一；皆是以極變化之方法，來考驗智力與氣質、性向。不過文章考驗創造性與性向的能力較大。但是他的缺點，是基本訓練（文學修養）需時較長；智力測驗則考驗觀察力較强。但對考驗性向及創造能力不夠。所以中國古代取士，大都用辭章，而人材一皆出於此。至如「明經」之考注疏，一無人材，而「策論」也以常識估多，無關人材了。（王安石、康、梁皆痛詆詞章取士，正證明他們識淺才粗，不懂政治了）。總之我認爲如何選拔高中生入政治系，應以考試保荐並重，尤其要以文章口試智力測驗作選拔方法。談到這裡，我挿一句，中國古代是最善口試與智力測驗。像上面所說，漢高祖見酈生而令兩女子洗足，明明是對酈生作智力測驗。而酈生責漢高祖：「起義兵誅無道秦，不宜倨見長者！」正是測驗及格。不然，天下那有見客而用洗足的禮節？漢高祖深通人情世故，怎會如此無知?!最後要談的，是誰來考試？選拔政治人才，必然是由元首，宰相或其他優越政務官主考，而決非事務官考選由考選部主辦了。

⑵教育與使用

大學政治系的教材，應偏重理論。其科目應包括：政治學，比較憲法、刑民法概要、經濟學、經濟地理、理則學、哲學、心理學、戰略學、國際政治、四書、春秋左傳、國策、廿五史、六韜、三略、鬼谷子、孫子、老子、中國文學、外國文學、物理學、音樂、禮儀。共廿六個學科，其中國文十八學分，包括演說六學分。外文廿四學分，包括演說六學分，其他廿四科平均約各四學分，計九十六學分。再加分組二〇學分國內考察十二學分，合一百六十個學分，四年修完。在學待遇，皆照荐任級。

實習：一年。第一期、六個月，部會首長室或國會。第二期三個月，里辦公所，或派出所。第三期三個月，縣政府或縣議會，稅捐處，或農會工會。至此大學畢業，或深造、或任官。任官以荐任一二級或簡任。深造：

⑷本國研究院：各國政情研判，行政學，（包括效率及安全）政策方案，外國

文學，待遇比簡任。

(B)留學：優核官費，最低比照民初庚款。

任官，簡任以上。（最好在中央機關）

說明：這裡只說個大綱，其中大學分外交、行政、教育、法制、財經、國防六組。研究院亦同此，當另有科目。此大綱之着眼點，在學術則中西並重本末兼通。在任用則以實習知下情，而不作事務官。古今中外，政務官多不經事務官階段。汲黯譏張湯小吏爲公卿使人頓足而後敢立，眞是至理名言。宣帝至東漢，常好以太守爲丞相，故少賢相。唐宋而後，進士雖有外放簿尉，而三省八座多由詹翰出身，任州縣者，罕有登庸。近代英國，以國會議員組閣，美國政務官絕少由事務官升任，皆此意也。

第四章　政理與治道

人類是一種最奇怪的動物。他們最大的危害是同類相殘。攻城以戰，殺人盈城；攻地以戰，殺人盈野。誰攻的呢？就是人類自己。惟一與人類相似的動物只有螞蟻；但螞蟻沒有核子彈；所以「它」同「人」雖然性情相同，但是危害程度相差何止天文數字。如果從動物中選拔誰最擅長同類相殘，那第一名只有人類才配。所以人類文化史中最重要的課題就是防止做同類相殘中的犧牲品——那就是政治——廣義的政治，包括戰略在內的政治。爲什麼我說重要的課題是防止做同類相殘中的犧牲品，而不說重要的課題是防止同類相殘呢？因爲能防止相殘的話最好；萬一防止不了，就只許我們殘他們，不許他們殘我們——這就是政治必需包括軍事的道理。我說這話，也許僞道德家會說太殘酷一點，但這是人類歷史事實；請看越南烽火，中東殺聲，那不是鐵的事實嗎？儘管聯合國不斷奔走停火，但是火還沒有全停。這證明防止同類相殘並不是容易的事。不得已而求其次，只有求勝利。那就是只許我殘人，不許人殘我了。這就包括戰略在內了。

政治的目標，對內維持合理的秩序，消滅戰爭。對外呢？保持强大，阻止侵略。簡言之！政治就是求安全。怎樣達到安全呢？就是要有一個中心力量，製訂共同生活秩序。這中心力量就是政府，這秩序就是法律。所謂政治大體就是這麼簡單。可是這中心力量，如何形成呢？如何保持優良呢？這就是所謂政理治道了。政理與治道，古往今來，闡述之多，眞可謂汗牛充棟。我這裏，只舉幾項扼要而實際的談一談。

(1)政理

A、權力循環說

這一項雖是歷史的事實，但乃是我特有的理論，所以必需加以特別說明：何謂循環？舉例言之，如春夏秋冬周而復始。又如草木吸收土中養份而滋生枝葉花果，枝葉花果枯落而復爲土中養份。

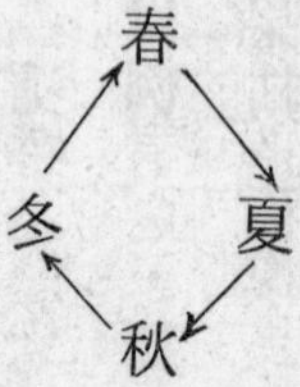

不管宇宙是否趨一個方向，或者地球是否趨向死亡？但這循環現象總是事實。如果一旦有一物不能循環，則必發生障碍或難堪。某次，我與友人郊外散步，見許多塑膠紙袋，堆積田間，非常難看。友人告以塑膠不能自腐被土壤吸收，也就是說塑膠袋不參加郊外土壤循環，所以郊外的淨化就受了障碍而顯得非常難堪。推而言之，大地山河、社會萬象，所以能和諧淨美，完全在「循」「環」二字。政治權力要如此循環，方能保持和諧，和諧當然包括安全。先舉中國古代政治理論說說看：「平民」聽命於「士大夫」，「士大夫」聽命於「帝王」，「帝王」聽命於「天」，「天」聽命於「平民」。（尚書曰：天視自我民視。）這一套循環理論，發軔遠在春秋之世，而到唐宋變成完整明白。唐宋之帝，常有因天災人禍而撤樂、減膳、避殿、貶尊號，下詔罪己，向老百姓認過。按照這一理論，權力是循環授受。誰也不能說誰是權力的泉源。這眞是高明的理論。沒有權力的泉源，就沒有誰能享有絕對的權力，那就沒有極權。所以中國古代政治理論，雖然贊成帝制，但不贊成極權。中國雖然也講奉天承運皇帝曰：「如何」「如何……」但絕不同於西方君權神授之說。因爲中國的神又聽命於民。而外國的神，不聽命於任何人。他們的神權是絕對的。神不能說話，敎皇是神的代言者，所以歐洲中古，敎皇是最大的權力者。敎皇權力垮了之後，各國君主又做了極權者，「朕卽國家」之說，只有歐洲才有。所以我們比較歐洲同中國政治理論有一項基本的差異，歐洲政治理論喜歡極權。而中國政治理論喜歡權力循環。當然中國也有少數例外，若王安石者，宣言：「天變不足畏，人言不足卹，祖宗不足法。」的絕對極權論調。當時士大夫就批評他說：「人君之所以兢兢業業不敢放肆者，耑在畏天地、法祖宗、卹人言。今安石此言，是敎人君放縱也。」帝王如果享有絕對的權力，必至放縱而形成暴亂之政。任何極權都會形成放縱，都會轉化爲暴政。絕對的君權固然不好；絕對的民權，又何嘗好，絕對的階級專政，更必然是暴政。請看法國大革命時代的絕對民權，再請看，接近絕對民權的美國人在越戰時所表現的反戰高潮，造成今日美國沉溺不拔的局面。民主國家中惟有像英國這樣國家不是絕對民權，權力在英國是在循環轉換。當首相解散國會提前大選時，首相的權，確實大。一到大選，權又在民。當選以後，多數黨有權受命組閣，組閣的權在黨魁。所以權在英國的政治圈內，是循環的，而不是絕對的；選民只能推選出多數黨而不能推選首相和閣員。不像美國，國民直接選總統，而總統的權力，又是那樣大。政治最忌偏重，偏重則失去均衡，缺乏修復力。君主極權，不可收拾；但絕大多數人民，又何嘗比君聰明。很可能比君更愚、更暴更不可收拾。美國的經驗論者，他們認爲許多人的看法一定比較正確，且認爲許多人的看法，一定有變動，卽有彈性，具修復性。但是我們在越戰中看美國反戰運動，打北越旗子，高呼反戰口號，撕毀征兵令。並看不出他們的正確，更看不出他們的修復性。這原因就是美國太偏重平民政治，少數智識優秀份子對群衆的政治活動，影響太少。因而缺乏修復力，因而產生危機。所以權力循環說是最好的政治道理。

B、萬全要求

政治的目標，就是爲人群謀安全——十次安全有一次不安全，仍然是不安全。梁武帝英姿偉略，恢宏大量，自起兵至稱帝數十年，一路順風。一次錯納侯景，遂餓死臺城，梁社亦屋。項羽百戰百勝，垓下一戰，身死國亡。拿破崙統一亂政，頒佈法典，安內攘外，百廢俱興，滑鐵盧一戰而王業崩潰。所以政治只允許一萬次對，不允許一次錯。政治措施必求萬全，明瞭這點，你才明瞭政治。這就是諸葛一生惟謹愼的可貴。也許有人要問，你把軍事也包括在政治內，難道軍事也靠謹愼嗎？軍事也談萬全嗎？我肯定地答覆他：對的，軍事更要謹愼，軍事更求萬全。子之所愼齋戰疾。又曰必也臨事而懼，好謀而成。軍事「先勝而後求戰」爲孫子名訓。一般不懂軍事之人，常譏諷諸葛亮過份謹愼不聽魏延子午谷突襲之議遂致北伐無功。殊不知不聽魏延出子午谷之說絕對正確。魏延謂「夏侯楙無勇聞魏延至必逃去，而諸葛亮大兵一月可到。」夏侯楙雖無勇，然長安城高池深；何以斷定夏侯楙不閉門堅守。而洛陽之援至長安不過半月。魏延果以五千人頓兵長安堅城之下，而洛陽之援又至則等不到諸葛亮兵到魏延已經崩潰了。所以諸葛亮北伐之不能成功，絕不是由於過份謹愼不聽魏延子午谷之計。而是太大意了，使馬稷將兩萬兵去對抗張郃的六萬兵。所以「政治要求萬全」，同納入政治的軍事非但不矛盾，而且非常適合。問題只在如何求萬全。

素書上說！長莫長於博謀。欲求安全，有兩個實例可引證：其一是中國古代的參署。其二是近代英國會的辯論。參署是把各種不同角度的看法陳列在一起。其見於制度者以唐代的三省制爲最理想。唐代的中樞分爲尙書、中書、門下三省，尙書草擬意見，中書草擬詔書，門下管封駁。用近代話說：尙書省按政情提出意見，中書把這意見組織成方案和命令，門下如有反對意見可將公文駁回。最妙的，在尙書省簽意見時，門下省的給事中必需在公文上同時簽註各己意見，俗謂之五花判事。給事中號稱大御史，是代表監察機關的。所以唐朝制度監察機關對行政糾正的行使在詔書草擬之前可謂適時有效。尙書省是代表行政的，中書是代表設計的，門下是代表檢查或反對的。一張公文紙上必需同列三種不同角度的看法。然後送呈宰相同意，再送呈皇帝同意，制成公文，最後經過御史大夫總檢覆後，加廂封口，方始完成公文手續。爲什麼要這些麻煩呢？當然是求萬無一失。英國內閣擬定政策法案後。送國會辯論，在野黨專門做鷄蛋裏挑骨頭。經過這一挑剔以後，當然不再有缺失了。這兩種制度確有消滅缺失，達到萬全的功用；所以爲兩種完美的典型。這兩種制度的目的相同，就是求萬全。

中國鄉村裏有些包攬詞訟的東庄三老爹，有時也懂得這一套。他們磋商訟案進行時，常常把自己人分成原告被告兩派，互相辯駁。以求減少缺失，而達萬全必勝。茲事雖小，可以喻大。

C、均衡作用

文武之道，一張一弛。又曰：寬以濟猛，猛以濟寬。凡此皆謂治道必需保持彈性，以維均衡。少小時，讀史記陳平世家見陳平答漢文帝所問宰相之職說：「宰相者上佐天子燮理陰陽，下率群寮鎭撫萬民者也。」當時不懂陰陽怎麼個燮理法。老師不會解，注釋也不會解。在我幼小心靈裏覺得那是陳平在吹牛皮。現在懂哪，所謂燮理陰陽就是一張一弛，也就是寬以猛濟，猛以濟寬之謂。而深深地贊佩陳平懂得把握原則，眞不愧爲一個好政務官，好宰相。

D、政本

政之本何在？在元首，在優良的大多數。鼎革之際，天下大亂，龍虎風雲，既曰龍，雲從之矣。故開創之初政本在元首。中興與守成之際，政例已定，風氣已成；雖有英明元首，亦不能離開民風士習。故政本既在元首，亦在優良大多數。但此指古代君主時期而言，若爲民主，則元首出於大多數選民。故民主之政本全在優良大多數。依美國經驗論者的看法，大多數一定站在優良的一邊。其實不盡然。最好的例子，詹森與尼克森時代，從越戰，反戰，和共，朝北平，水門事件。這一聯串事件看來，大多數並不一定優良。美國何以有此現象？我在一個偶然的機會中發現這問題產生的端倪。

民國四十七八年時，我因爲對我所敎的國文課本，發生懷疑，託友人從美國學校將美文課本，自四年級至十二年級，全部借出一看。意思是想看看如彼泱泱大國，定有好的範例，可資借鑑。那知道——不看倒還罷了，一看倒抽一口冷氣。他們

（美國人）從四年級到十二年級（高三）的國文教材，統統是打電話，談話，寫便條一類日用東西，一課心靈的傑構都沒有。這必然爲受教育年齡的青年帶來枯燥與平庸。他們太實用了。他們絕少向前想一點點，或向高想一點點。若干年來把年青人的大腦全部浸在平庸裡，啊！因此我忽然想到，美國小說若好男兒、小婦人、飄、大街、煤油等等低級的名著。又想到美式的哲學家杜威等等。又想到美國軍事家、政治家。美國所有的只是兩洋屏蔽中的一大片豐富的壤土，和華盛頓遺下的日漸褪色的正義。他們傳統只要衝、闖、幹，他們就可以安富尊榮。他們不需要深思遠慮。因而：他們的教育裡不重心靈活動、思想；他們的國文課本，自四年級至十二年級沒有一篇傑作名著。第一次大戰以前，美在大西洋，跟着英國走，在太平洋沒有一個強大的國家，所以他還可以安享幸福。自第二次大戰中，英國倒下去了。美國人要自立，甚至要爲世界問題作主，這下子有些手足無措了。從越戰至今日，歷史已明明白白地反映出美國人有些手足無措。而他們的高中課本裡缺乏心靈活動，思想，爲重要原因。一個缺乏心靈活動的素養，一遇見難題壓下來，必然手忙腳亂。由於美國的挫折可以證明要想有優良的大多數，必需從教育着想。所以，政之本在優良的大多數。優良的大多數出自教育，故政之本在教育。教育生了根就變成文化。

E、道德與政治

任何條理俱備的制度，再加上英釆出衆的君相；但是如果完全缺少道德，這個政治集合，仍然免不了解體。不管任何時代，不管任何主義。管仲可以說是一個商業思想的政治家了。可是，「禮、義、廉、恥，國之四維。」就是他提倡的。社會的健康，必需有正反兩面，一面是繁榮，一面是道德；一面可以女閭三百，鹽鐵運銷。一面必要禮義廉恥，國之四維。政治是維持社會安全的，而道德是保持政治安全的。一切文物制度，像春天的繁華，而道德像秋天的收斂。我們如果把西漢與唐朝作比較，就可看出道德的重要。漢唐都是泱泱大國，都是文物齊備的朝代。兩者相比，論繁榮則漢不如唐，論樸素收斂，則唐不如漢；但把兩代治亂綜結算來，漢優於唐。明乎此，我們就明白道德在政治中的重要了。「衡門之下可以棲遲」的窮兮兮的陳國，故然沒出息；而臨淄之下，鬪鷄走狗，帳幕如雲的齊國，也兩度亡國。發展與收斂，繁榮與樸素，文物制度與道德，不可偏廢。一陰一陽之謂道，明乎此就知道，我們今天應該怎樣做，也就是怎樣燮理陰陽。而不會專門沈醉在每年若干出超上與台北市中山北路市景之中了。政理之論止於此，下面再談談治道吧。

⑵治道

治道有九：一曰識時務，二曰接英賢，三曰知人，四曰善任，五曰決壅蔽，六曰達政體，七曰考績效，八曰明賞罰，九曰定教化。至政策之運用，將來有機會另說，不列入此內。

A、識時務

一個時代有一個時代的特色，一個時代有一個時代的使命。談政治而遺漏時代，那將成爲不可思議。歷史家事後說明一個時代是容易的，是明朗的。可是在當時認識是不容易的。譬如古「戰國」時代，在現在說起來，是容易的。可是在當時，只有一個子思說：「君處戰國」。也就是在當時，能認識時代的，只有一個子思。東漢董卓而後，海內鼎沸，莫知究竟，惟諸葛亮知將鼎足三分。今天動力之大，武器破壞力之大，均可以促使地球統一；但國家意識之深，一切疆界觀念，民族觀念之深而且强，也大大地阻碍地球統一。但是最近有兩樣事件發生，都是促進地球統一，而難以阻碍的。其一、滲透與統戰。其二、爲經濟戰。自季辛吉出頭與阿拉伯禁運石油之後，世界一天比一天動盪。今後，如再有人陶醉於均勢，那眞在自掘坟墓了。今後的世界每一角落，都在動。每一動都被强烈的國際勢力牽引。大固可以制小，小亦可以制大。千鈞固然可以壓四兩，四兩亦可以撥千鈞。其原因卽在於全世界在動。明乎此，纔能稱識時務；明乎此，纔能說明治道。事難盡說：請多看看六韜鬼谷與戰國策吧。

B、接英賢

時至今日，我們人類可以誇下海口：「事無不可爲，但看有無人才。」若干年前以爲難的事，今天一點也不難了。諸如登陸月球，收買外國大臣之類，……等等。接納英賢應爲實現政策的第一手段。我們回憶戰國時，第一個向國際公開求賢的就是秦孝公。終于併吞六國。今天究竟應該以什麼方法求賢，固然値得商量。但是，如果故步自封，忽視賢才，那必然日趨萎謝。開國的君主，都有一套求賢的方法。諸葛亮稱贊劉備說：「將軍總攬英雄，思賢如渴。」思賢如渴眞是描繪開國領袖的性格最洽當的字眼。外國間亦有之，像羅斯福總統就是被一位海軍部長以思賢如渴的心情吸引爲海軍部次長。有些人喜歡談政策，我勸他們先學會接納英賢，能接英賢不怕沒有政策。接納英賢是沙裡掏金的工夫，要有耐心。孟嘗君有客三千，而後有一個馮諼，平原君有客三千，而後有一個毛遂，信陵君傾身下士數十年，而後得一個侯嬴，却强秦，全趙魏，使六國生命延長廿年。等而下之，好來塢演亂世佳人，爲求飾郝思嘉的女演員，動員星探在全美訪求數年，卽拿今日之尼克森說：如果不訪求到一位善演戲的季辛吉先生，又何能雪兩敗之辱，在白宮混了這幾年？季辛吉之出山，對美國爲正爲負，確難估價。但對尼克森說，却是一大功臣。天下常才則車載斗量，非常之材，幹國之重，則非等閒易得，如果不握髮吐哺傾身下士，而想得一個幹國之重的非常之材，那將連一個好來塢的經理的知識都不如了。周公之握髮吐哺，旣非自作自賤，也非裝模作樣；他深知沙裡掏金之道，欲求英材非此不可也。所以做一個領袖，不管大領袖、小領袖，但愁不能接納英賢，不愁沒有政策。中國接納英賢的歷史最具體。做帝王的有周文王、漢高祖、唐太宗、明太祖；等而下之有周公、齊桓公、晉文公；又等而下之，有孟嘗君、信陵君。史蹟昭昭，仿效不難，不用再贅了。

C、知人

知人是政治技術中最難的一種。一般人皆謂漢高祖有知人的天才，其實高祖善用人而已，亦未必能稱知人。蕭何數荐韓信，而高祖不理；絳灌屢謗陳平，高祖也非常相信。苟非蕭何以去就力爭，韓信又安能登臺拜師。非魏無知陳平善辯。漢室又有何人誅呂安劉。可見高帝之得陳平韓信，並非由於知人。高帝豁達大度，從善如流，改過不吝，賞罰及時，故賢者樂爲之盡言盡力，其於知人，尚非第一流英主。知人之主，三代下首推劉備。劉備於徐元直司馬徽均非親舊，如高祖之於蕭何，桓公之於鮑叔。而一聞二人之推荐諸葛，卽親往訪問，立談之下，視如心腹；可以謂之知人。其次若郭嘉之於袁曹。張說之於李泌，皆立談之下，定其材品。皆可以謂之知人。知人之術，學理經驗，兩者並重，也是一種專門學術，近代史中，以曾國藩最精此術。相傳冰鑑七種，出於曾氏之手。其保荐胡林翼，李鴻章，左宗棠之奏章中所作之評語皆一言而定其終身。其最妙者，爲保荐胡林翼爲「材大心細」，而保荐李鴻章，亦爲「材大心細」，但加一句「勁氣內斂。」嗣後果然是胡林翼中道摧折，而李鴻章以身繫滿清安危數十年。曾國藩可以謂之知人專家。

人材之表現，不外器宇軒朗，義理精純，應對超越而不窮。所謂聽其言語，觀其眸子，人焉廋哉？故知人者卽相人之術，談知人而諱言相術，眞如談生子而諱言男女，愚夫可笑。卽如平原君所說：勝相士多者千人，少者百數。自孔孟以至於曾國藩，相人之術，一脈相傳，未可以爲江湖術士而非之也。作者曾閱讀四庫全書中之相經，及冰鑑七種，立論正大精審，皆可切驗。惜二書皆失去，在臺見友人之冰鑑七篇，已非原物矣。總之相人也好，觀人也好，都是知人的疇範以內。政治家不可不知。

其次爲察人之術，若漢高祖之洗足以見酈生，魏文侯之見吳起，而自言不好兵，皆察人之術。鬼谷捭闔，反忤、揣、摩，亦皆有關察人之術。曾國藩之見劉銘傳、潘鼎新，亦察人之術。察人之術，史鑑所在皆是，無一定公式，其理論則只有谷鬼子一書。讀者可自求之，不能一一贅說也。

D、善任

人無全材，各有長短。善用人者，用其所長捨其所短。高力士爲太監總管則優，爲大將軍則敗。殷浩爲令僕則優，征伐必敗。馬稷爲參謀則優，任前鋒則敗。故用人之第一法則在用其所長捨其所短。人之才德因時而異，如曹孟德，治世爲能臣，亂世則奸雄。亦有因地而異，如廉頗在趙則有用，在魏則無功。故用人之第二法則在明其習性偏向與變化。人材之效用，有因主而異者；如石勒自稱遇高祖則比肩韓彭。遇光武則並爭天下。故英主之用人揮灑自如，無所猜忌。蕭何譏漢高拜大將若呼小兒，謂高祖之不知禮固可，謂其揮洒自如亦無不可。高祖之能用韓信者，正因其有揮洒自如之能力也。曹操敬劉備而忌之，卒不能用。符堅愛慕容垂而惜之，亦不能用。惟漢高之於韓彭，劉備之於關張皆有揮洒自如之慨，故卒能收其用。凡遇見英才卽有自卑之感，妄生疑忌者必非能用人之英主。故遇人而無町畦，用人而能揮洒自如，乃用人之第三法則。世上不可無賢人，無賢人則無人指揮群倫，出任艱巨。但尤不可無愚人，無愚人則賢人指揮誰。老子說：善人不善人之師，不善人，善人之資。孔子說：擧直錯諸枉，能使枉者直。故使賢人在上不肖者在下，爲用人第四法則。太平治世，則無偏無黨，王道蕩蕩。離亂草創之際，則不可能無親疏。親疏之際，最難安排；如太宗之明，不免偏向長孫無忌。周道親親，定無典禮。以周公之聖，常云故舊無大過，不可棄也。自古「親」與「賢」之任用無一良法定則。然亦似有良法定則，如疏不掌兵，親不典財。又如親賢相間，惟正道是依。又如衆賢在朝，不可偏專。又如用賢在上，而亦親撫其下。昔周公問太公何以治齊，太公曰尊賢而尚功。周公曰：後世必有亂臣。太公問周公何以治魯，曰，親親而好禮，太公嘆曰：後世寖遲衰微矣。可爲的論。故用人之第五法，爲親賢相間，而依於正道。用材難，廢材亦難。干戈之際，將帥冒九死一生而定天下；及天下旣定，不可復用，何以安排，極爲重要，三略云：罷兵復師之際存亡繫焉。古代都有封侯之禮。近代惟英國尚有勳爵上院之制，略可慰人心而安國勢。故用人之第六法則爲優勳賞以退將相。

E決壅蔽

壅蔽之害國，有如中風之害人身。有目而不見，有耳而不聞，非中風而何？有官僚，必有朋黨，何況同鄉、同學，由來以久，所謂人情之所不能已者，聖人不禁。有黨必有所私，有所私，必有所蔽。蔽之甚，則朝無正聲，野無直言；國隨之而亡。故一部政治史，幾乎等於同壅蔽奮鬪史。決除一分壅蔽，則得一分治績。決壅蔽之術；大要爲兼聽則明，偏聽則蔽。但亦有因各種政體而稍異：⑴帝制——中國帝制最久，而帝制亦爲最容易壅蔽之政體。因而中國古代對於決壅蔽之方亦最詳備。A、採詩：周朝天子有採風之制，唐白居易有獻詩之作，皆所以達民隱。B、聽朝：皇帝定期大朝，百官皆會，直接評論朝政，主事（科長）以上皆得出席。C、御史爲言官，專以言爲職責。法有保護言官之制，御史有風聞之奏。D、翰林有侍讀侍講，可藉講書之時，指陳時政。E、上書：常制三品以上皆可專摺奏事。均能上達天聽。三品不過爲聽長之流。同時有民衆上封事者。又有下詔求言者。故中國古代帝王聽言至廣，以慈禧太后之敝政，而一鄉婦小白菜之寃獄，亦可上干天聽，而得平反。可見我中國古代對於決壅蔽之成功。⑵民主國家，則在新聞自由，但若美國者，教授發言，只有出錢登廣告。尼克森上臺時常常要求緘默的大多數發言。可見平常美國民情能表達者亦屬有限。其次則爲議會。議員皆來自民選，大多可爲群衆進言。然謂每一人之言論皆能上達亦未必也。⑶極權國家，若蘇俄等類國家，他們不知如何決壅蔽了。

F、達政體

何謂達政體？茲擧若干事例以言之。魯哀公時齊人於麥秋侵魯，魯人恐麥爲齊所割，民有請令能割者卽以麥予之。哀公以問孔子，孔子曰：不可。蓋以齊魯近鄰，時有侵寇，皆令能割者得麥，則民產亂矣。且將使莠民利齊寇至。此爲達政體之例一，漢高帝崩，呂后臨朝，匈奴冒頓致書辱呂后，呂后大怒，庭議之，樊噲曰：「臣願得十萬衆，橫行匈奴中。」季布曰：「樊噲面欺，可斬也。高帝以卅萬衆困於白頓，當是時噲爲上將不能解圍。今呻吟未絕，傷夷甫起，而妄言以十萬衆橫行，是面欺也。且夷狄如禽獸，得其善言不足喜，惡言不足怒。」高后曰「善」。此爲達政體之例二。唐太宗爲秦王，已平諸寇，府僚多補外官，杜如晦亦出爲陝州長史，房玄齡曰：餘人不足惜，杜如晦王佐之才，大王欲經營四方非如晦不可。」秦王驚曰：「微公言，幾失之。」因奏留之。此爲達政體之例三。唐太宗既定天下，魏徵勸其興教化，或曰：「三代以下，人心磽薄，恐難以感化。」魏徵曰：「大亂之後，人心向善，正易教化；如謂，三代以後，人心不古，則今人當如鬼蜮矣。」帝從徵議。時朝臣多勸太宗開邊，獨魏徵勸帝修文德。此爲達政體之例四。魯哀公時，魯國大火，數日不熄，哀公問於孔子，孔子曰，今百姓爭出己物，不任救火，故火不熄，人衆不可以賞勸，當以罰齊之，乃下軍令出己物者斬之。民乃爭往救火，火遂熄。此爲達政體之例五。美國詹森總統，昇高越戰，增兵五十萬，而不能掃除越共。美國人多責怨。詹森以「不這末辦，怎末辦？」爲己辯。兵謀萬端，美制總統爲國家元首，三軍統帥。應對國家負軍事全責，有責任勝利結束越戰，而曰不這末辦，怎末辦？不負責，莫此爲甚。此爲不達政體之例一。尼克森總統，鬧水門事件一年有餘，如以爲己無過失，當盡將資料交出，如覺得己有過失，當立刻辭職。美國自開國以來，總統爲一國道德精神標桿，尼視個人的政治生命，過於國家二百年傳統，破壞政體莫此爲甚。略標數例以明政體，舉一反三，則在讀者矣。

G、考績效

考績效，可以列爲治道，也可以列爲庶政。就原理言，應列爲治道；就方法言，就應列爲庶政。此處所言爲治道而非言庶政；所以只可談原理，而不能談方法了。蜀漢蔣公琰爲縣令不治，劉先主欲加以責罰，諸葛亮諫曰：「爲政以安民爲本，不以脩飭爲先。願公重加察之。」其後蔣公琰卒爲名相。可見治效並非簿籍表報，簽到簽退了。不過古代社會關係鬆懈，因地制宜，所以彈性大。近代社會關係緊，一切施政，互相連勾，所需一貫作業多，而彈性較小。（所謂較小，並非沒有。）總之，日常例行事務，可以機械式考績法，而對決策指導者則不可用機械考績法。這種考績法，我們可以說是一種高級考績法；如諸葛亮之論蔣公琰是也。我覺得諸葛亮這句話最有意味就是「爲政以安民爲本」的「本」字。高級考績法，重在一個「本」字。因治道在得其本，不在脩飭。所以高級考績法重在知「本」。如地方首長，以「安民」爲「本」。警官以「除暴安良」爲「本」。方面大員，以「察績效興利除害」爲「本」。部長以「訂政策擇能任長」爲「本」。宰相以「進賢退不肖決大政方針」爲本。合於「本」者則績優，不合於「本」者則績劣，此其大要也。至於實際方法，則存乎其人，無一定格式。總之，高級考績法與知人善任相連。能知人善任必知考績效；甚至不需要考績，水鏡謂劉備：「伏龍鳳雛得一可安天下。」斯時二人均在野，何從考績。

H、明賞罰

這裡所謂賞罰是廣義的，包括社會報酬與社會制裁在內。我深深覺得社會力量是廣大的。如果滿街都是笑貧不笑娼，則節孝坊的力量就有限了。主政者如果以躬行實踐，並制定政策，形成風俗，那就比任何賞罰的力量大。主德、政策、時代、相同則可形成風俗。如相反，則難收效果。漢高經八年苦戰定天下以後，與民休息躬行儉樸，當時將相或乘牛車，同時並制訂重農抑商政策。故漢初數十年，民風醇樸。中國與西方對於賞罰觀念不一樣。西方認爲賞罰爲對受者個人之報酬與教育。故賞罰皆輕。中國認爲賞罰爲對受者以外的勸戒，故主嚴重。（所謂西方，指英美而言。）西方重無爲而治，中國重視群衆教育作用，風俗形成。在原理上孰是孰非，我不想判定。不過像英國國會對納爾遜那樣關係國家興廢的人物，爲國犧牲，臨終遺言，要求將其撫恤金交予某夫人一節竟加以否決，未免寒盡天下英雄之心。大英帝國之終歸沒落，乃必然的了。中國傳統式賞罰皆重；罰之重，盡人皆知，而賞之重，恐非盡人皆知；特表而出之。漢高祖封韓信，英布，封疆數千里，比臺灣大幾倍。劉備下成都，賞諸葛亮、法正、關羽、張飛皆錢三千萬，金五百斤，銀四百斤。孫權賞呂蒙錢一億，司馬昭賞鍾會亦錢一億。這在西方歷史上，恐怕絕對沒有的了。其他若明之徐達封中山王子孫受爵與明室相終始。所以中國報酬英雄之厚，在世界史上允爲第一，過河拆橋實爲中國文化史所不恥，至於河未過卽中途拆橋，當然更是鄙夫自掘坟墓，愚不可及，定爲天下笑了。

I、宣敎化

重敎化，古今中外，沒有兩樣。一部人類史，大概可以說是先知啓發，後知學習的歷史。除去敎化人類就囘復猿猴時代。我國自古重視敎育，而其敎育內涵之宏深，就整個歷史講，實遠過西方。尤其在「守約施博」方面允爲世界文明史上之不滅明星。我們早在孔子時代卽提出一個「恕」字爲做人之本。並且爲「恕」下過定義爲「子所不欲勿施於人」。眞是何等博大，何等精深。其他若不憤不啓，舉一隅不以三隅反則不復也。博我以文，約我以禮。何等恢宏，亦何等輝煌。可是明朝以後，以八股取士，天下知識青年心靈盡納入八股文中，窄狹、枯燥。晚明人材凋喪，卒被淸兵以二十萬人口侵人統治。這時代的敎育可以說是慘極了。所以顧炎武痛心地說：「八股之毒甚於焚書」了。淸之敎育承明八股弊政，一遭外人侵凌，就不可收拾了。敎育爲人類心靈之自由創造，不可以太狹窄。當代敎育重實際主義，八股文敎育，亦何常不與實際相關；但如果只以眼前吃飯穿衣爲實際而其餘一概抹煞，那就太短視了。而且勢必扼殺人類心靈中的活潑天機。今天美式的實際主義型的教育，與明清八股型的教育，同爲窒碍活潑的心靈，其實際利益又何在？不過短視罷了。總之「因材施敎，從容中道。節之以禮，和之以樂。」爲教化的康莊大道。

「因材施敎，從容中道，節之以禮，和之以樂。」這並不是簡單口號；而是有理論和事實基礎的。請分論之：

a、因材施敎

長臂善射，長腿善走。人之官能心智秉賦不一，則各有所長。因其所長而敎育之，則易而有成；這一理論是簡單易於理解的。可是這一理論之施於當代敎育，則非易事。何則？當代教育，編班受業，計程授課，論分計績。整個教育均非個別敎育。欲達高度因材施敎確非易事。何謂高度因材施敎？請舉事實以明之。本人十四歲前均在家塾讀書。同塾者：有大哥、二姊、三姊四人。大哥讀左傳，二姊讀中庸，三姊讀詩經，我在讀「大學」。人各一篇。不惟此也，即使讀古文，亦各人所選不同。一塾四人，四人各異。請問在今日的學校中，如何實施。復次，當我讀完大學時，老師給我安排的是「中庸」。我因覺二姊所讀的中庸乏味，我向老師說：「我不想讀。」老師問我：「讀什麼？」我說：「讀左傳。」老師點頭說：「好！」讀者請勿誤會我師因在家塾教書，旨在敷衍嬌生慣養的兒童。其實我師爲極嚴的老師，前清秀才，對學生嚴厲無比，有剝皮之稱。我們當時的自選教材的個別教學是老師鼓勵的。從何爲證？從教古文爲證，老師教我四人古文極少有相同的。例如，當時二姊念過的陳情表，老師從未教我念過。而我所念過的蘇洵的心術，其他三位也從未念過。由此可見當時的因才施教水準與風尚。而且是老師的主動。當時或更古時的私塾和家塾，他們的教育宗旨，都是因才施教。今天因才施教這原理，無人反對，但如何實施？

減低成本，大量生產、標準化，是當代時髦名辭。因此教育實施有：分班、計程、會考、聯考等等……聯篇出籠。偉則偉矣。但天生人才，各有長短，而皆有其用。如此標準化大量生產，在個人說必有「削足適履，埋沒英才。」在人類社會說，必有「暴殄天物，浪費天才，阻碍進化」。可是有誰主張個別教育呢？今天之所設志願，充其量，大學科系，不過數十種。其實人類之志趣，又何止數十種。更有進者，教學方式之標準化，考試之標準化，更使人無自由學習可言。嗚呼，人何以盡其才！可是如果有人反問我：「因材施教，這原理我是贊成的，但請問你，如何實施個別教育？」我的答案是：放寬學校考試，減少共同必修科目，增加選修科目。這樣可以增加不少學習自由。這一實際方案大致不會過火吧？可是對於放寬考試，必然有人懷疑會降低學習與教育效能。可是我所作答案是相反的，放寬考試會增加學習與教育效能。我的理論根據是「從容中道」。惟「從容」纔能中道。

b、從容中道

惟「從容」乃可以「中道」。如果在逼迫之下，纔能中道，那末自由價値，將被懷疑，甚至被否定。閒話少說，「言歸正傳」。

教育學上，有一個盡人皆知的故事。在給狗吃飯時搖鈴，以後每搖鈴則狗卽流涎。此正如曹操之望梅止渴，同一意義。此義卽爲：教育之實施，必使與良好心理狀態聯合。則能使之不知「足之蹈之，手之舞之。」大廟裡和尙念經，必奏樂器，其理相同。柳宗元在相等封弟辨中說：「吾意周公輔成王，宜以從容優樂，要歸之大中而已。……又不當束縛之，馳驟之，使若牛馬然，急則敗矣。」曾國藩致弟書言：「教子姪之道，在吾輩垂紳示範，不在督責過嚴。」又說：「紀澤記憶平常，則不必强其記憶。」以上是理論。下面兩舉我所見的事實。

小小時，與堂弟孟復所居相距里餘，每隔些時，前往遊玩或觀摩。見孟弟之老師太寬。孟弟背書時，望望背背，背背望望。當時我內心竊笑，如此兒戲，又有何效。此時大約在十一二歲之時，其後入學校，更未見孟弟苦讀，至余十八歲時，孟弟十六歲，以其詩寄陳三立先生，三立先生以「二百年來無此人評贊。」可見放寬考試，可以增從容自得之精神。

總之，人之天賦若種子之能生長，雨露涵濡，風日煦拂，則日生夜長，開花結實。絕非劃一的考試逼迫所可造成。明乎此則明白教育。尤其是天才教育更非明乎此不可。

c、節之以禮

人不能離群，人之行爲不可擾群，這無需解釋。因爲不可擾群，則必有節制。此一節制，禮是也。

再者，人之樂，樂不可以狂，狂則毀其性。（正常），人之哀，哀不可以沈疚，沈疚則毀其性。故欲人之不毀其性，必有節制，此一節制禮是也。

自五四以來，禮最倒霉，衆口交譏，認爲禮爲束縛人之工具。其實彼等之所譏者，古封建之禮制，而非禮之本身也。

今人對禮都有認識，但澈底與否，則未可知。比如，今人尙有於父母之喪，而用跪拜禮者。渠是否承認三鞠躬禮爲最敬禮？承認！三鞠躬禮旣爲最敬禮，則父母之喪何以不用最敬禮？……蓋此等人之禮的觀念，產生於若干陳見、殘留的現象，而不知禮爲理性產物。如能知禮爲理性產物，則一切迎刄而解。禮之說止於此。

d、和之以樂

樂爲精神體操。體操可以使身體柔活健康，樂可以使精神柔活健康。推而廣之當然也可使民族精神柔活健康。當然這指好的音樂而言。余常有頭痛之疾，有一次，聽貝多芬之D長調提琴協奏曲，則頭痛若失，後每試輒驗。余始知樂之功用。但余未學樂，所知僅此。樂之興有待能者。但樂之需要，在我中國遠比西歐急迫。因爲中國迄今尙無雅樂。

結論

政治之功能在安全，這裡所謂安全，就是國家與人群之「健康發展」實現。「健康發展」必然包括戰略，而發展之動力則在政治與教育。這便是當代政治精義，也是區區微意。名之曰綱要者，取其簡而實用而已。本書所言之戰略（政治、外交、武力戰均包在內）要義在智。而政治之直接有助於戰略者，人才之供應豐富，適應之彈性大，持續力之彈性大。凡此皆必依賴自由制度，故自由世界讀之可以制勝，共產黨得此書，一無用處。至政略之運用見前篇當代戰略原理及其運用中，玆不贅。

第三篇　越戰批判

民國五十五年，我在拙著孫子精義(幼獅書店出版)的註釋中，曾以孫子兵法批判越戰。現在把它集合起來抄列於下：

「美國轟炸北越，出兵越南。不知曾否詳計其得失勝敗？參予其廟算者，不知人數多寡如何？其轟炸北越，出兵越南，所謂「使敵人坐下和談」，其原則正確無可否認；但其方策不離「嚇阻」。不知曾計算「嚇而能阻否？」以戰求和：戰而勝，則或可得和，戰而不勝，則和談怎可達到。北越雖小國，但如其背後有「中共」有「蘇俄」，則非小國。美國轟炸北越，出兵越南之初，曾否估計，其所面對敵人為：「越共嗎？」「北越嗎？」「越共、北越加中共嗎？」還是「越共北越加中共再加蘇俄嗎？」出兵之前如果未估計敵人的範圍，那實在太錯誤。如估計敵人範圍，則出兵數十萬純作守勢，安能屈服這一大群敵人，安能使敵和談。從越戰可知出兵之先的廟算太重要。出兵之先如沒有詳經廟算，實在是太草率，必然遭遇不良後果。

越戰之先，因對敵方之北越、中共、蘇聯之結合未曾摸清。對共產國家之重心何在？亦未摸清。對國際政治心理在目前戰爭之重要，亦未摸清，對美國民情之反響更未摸清。共產國家之重心何在？曰在組織，如北越之政治組織已建立，再加蘇聯、中共可供軍火糧食，則渠可至任何地區作戰。故其重心不在河內，不在都市，而在其政治組織，及蘇聯與中共之外援。故美之轟炸河內不能使其動搖。其次國際政治心理，對目前戰爭之影響甚大。比如：美與俄戰，不勝並不震動人心；如美與北越戰，不勝，則震動人心。所以蘇俄從不與美衝突。（惟有古巴火箭基地事件例外）而盡量嗾使小國騷擾，原因卽在此。美國此次最大失策亦在此。到目前爲止，美國並未敗，但也未勝。可是美與北越鬥不勝已震動世界人心了。如果將來美軍撤退，越南淪陷，則更糟糕。此項後果想美在出兵北越前未曾估及。

其次爲「天」「地」。未知美出兵北越前曾否估計。越境每年有五個月雨季。即是北越每年有五個月可以休息、整、補和利用「雨」來掩護進攻。換一句話說：卽美國軍隊在越作戰有一半時間可以進攻，有一半時間必須退守挨打。再加以森林沼澤，人地生疏，越共潛伏，則困難更大了。天時地利對古代戰爭是重要因素，對近代一般性戰爭亦甚重要，不可不列爲廟算之一。

廟算決策是屬於總統的事，但總統日理萬機。對於廟算必需要有許多襄助的人員。這許多襄助人員除軍事專家之外，必須有許多通材，和各式各樣的專家；甚至宗教領袖。譬如保衞越南不能離開佛教。（在處理越局如得一佛教大師襄助必大大有利。）依著者構想美國今日主盟世界，應有一龐大而健全之外交軍事綜合性之大本營之參謀機構及顧問機構，以襄助總統決策。此一參謀機構，應包括各色各樣人才，甚至外國的客卿，尤其應有特具智慧之不管部閣員，平時週遊世界，使對各地政情、人情能周詳融會以供顧問。

其次言主道：美國平時政治設施，爲國民所擁護，允無疑問。惟此次對越戰，國民毀譽參半，沒有能令民與上同欲。其故何在？著者認爲原因有二：其一：未能及時採取二次大戰時所採取兩黨統一外交。其二：未能採取有效之宣傳，以使國民對越戰與美國之安全重要性有充分之明瞭。國會爲美國政府與民意之橋樑。若國會議員保有兩黨統一外交，則對國民意見自發生極大融合力量。美國對參預越戰，多宣傳謂「履行諾言，保衞東南亞。」以此對外宣傳則可；以此對內宣傳則不可。何以故？因如此對內宣傳則美國民必有爲一諾言而犧牲數以萬計之生命與數以億計之金元，爲不可理解。美國政府對內宣傳應直接了當說明保衞美國生命財產應與共產侵略主義作戰於境外。美國前哨向後退一步，則美國生命財產接近危險一步。

再來談談選將問題：越南之保衞戰在美國政府嚴格不求勝利之戰爭決策下。（不求勝利之戰爭，太傷士氣。打倒敵人坐下和談太難，遠不如「保衞越南，鞏固和平」，較切實際。）選將必需有二條件：㈠善制狡寇，有機動作戰能力。㈡善於爭取民衆，組織民衆，保衞民衆，發展民衆組織。美國在決策之先，曾注意及此否？

選將爲廟算之大事，亦一難事。尤其是像在越進行之游擊戰，不惟大將須要精選，即連長營長以上，皆須精選，以為獨立作戰之準備。

在形勢方面：越戰初起，美軍初出時，蘇俄與中共交相責難，彼此互訐對方不援北越。一似北越為孤立者，使美國一切計劃依據此而認為可以輕易解決越戰。而時至今日，事實已證明，蘇俄中共皆已援助北越。

現在和談已開始而僵持中。北越集團實欲速於求得有利之和談而促使美軍早日出境，以便於其統戰滲透以顛覆越南。而偏偏組團以赴中共乞援，似若和談不成，則中共大兵即將出境藉以威脅美對和談之讓步。此皆「為之勢以佐其外」也。皆詭道也。

（美方勝算）

戰鬥力強。（因不能越界及天時、地形、游擊戰，對消。）

維持和平號召力大。（不敢盡量用盟邦軍隊，對消。）

國力富能持久。（人民不願戰爭，對消。）

（北越勝算）

掌握基層，便於游擊。（能困美，不能逐美，對消。）有掩護體。（停戰線）（但不能阻止轟炸，對消。）有外援。（但得不償失，對消。）觀此則知雙方均不能勝，其最後判別，則在誰能持久。但最大不同則在北越不勝害小，而美國不勝害大。

美國進兵越南，天時、地利、人事均不利，進兵實欠思考。縱使進兵亦不能超過三萬人，方可以持久。（蓋越戰決非速戰速決之決戰型也。）現在既已進兵矣，不可輕退，必需俟越南軍能自保，方可退。美國用兵，多由文官決定，固無可非議，但必使將領參加使得申述實際利弊。

美之率爾出兵越南，不虞也。一切轟炸均由白宮指示，將不能發揮戰略才能矣！以北越與美戰卵與石碰也。然美兵不能越界，而與越兵鬥游擊，是如古人之言，大兵捕盜如牛捕鼠之形也。以牛捕鼠雖不至敗亦不能勝，徒耗力耳，此越戰之耗形也。

游擊戰之依託，全在地下補給線。如美兵不過三萬，即據要害膏腴之地，深溝高壘，步步爲營，通其糧運，以爲持久之計。援越軍兵殺賊自衞。堅立陣地，收攬人心。使耕者得耕，士者得士，殺賊者有賞，則匪之地下補給破壞。如北越來犯，則美軍當其正面，而越軍出奇繞擊其後，則敵覆亡可待。故越戰之形，全在美越相和，而尤在越政府之能和其衆。能如此，則坐而致勝之形。及見越局四年之間三易元首，民失其繫望，而越共乘之以立地下組織，以遂行地下補給。北越因得肆行深入以擾美軍矣。故惟能深察敵我之形者，乃能言戰，愼勿恃衆恃強也。

兵法有言，知戰時知戰地，可以千里而決戰。不知戰時，不知戰地，則左不能救右，右不能救左。美戰於越境，盲目隨越共戰，不知決戰之時與地。其違兵法已遠，安能勝哉。

美以大軍戰於越南沼澤森林中，失地形也。失地形則不稱，不稱則優勢失矣。

以北越與美戰，卵與石碰也。然美兵不能越界，而與越共鬥游擊，則失勝形矣！越共之採取游擊，其企圖一耑在長期消耗美國之兵力與鬥志，直至美國人民反戰，迫使美國求和，而取得戰利。美國對越共之游擊，必須採取反游擊戰。游擊戰之形，首要在能隱顯自如，即化整爲零，聲東擊西。化整爲零，在有民衆掩護，就地補給。聲東擊西，則在使敵後方空虛而多增兵力。反游擊戰，在以精兵掩護民衆自衞，奪取敵人之人民掩護，而使成爲我鞏固之後。敵人之掩護被奪，則不能化整爲零，隱顯自如，我之後方鞏固則敵人不能聲東擊西，而我之兵力得以節省，而不致引起人民反戰。能如此，則坐而致勝之形成。

如依中國兵法，凡在敵人「形名」未明之前，則惟有堅守以形之。待其形名既露，而後擊之。所謂形人而我無形也。三國時代，陸遜禦劉備，即以此法。也就是先爲不可勝以待敵之可勝也。如敵形仍未顯露，則擾其補給，敵形必顯。唐太宗多用此法。即一面堅守，一面抄掠敵人補給。俟敵氣動而形顯，乃一舉而擊破之。

越共與北越軍形所以能隱能顯而變化自如者，完全在㈠美軍不越界。㈡越共在越南有地下補給網。如二者失其一，則北越與越共失去顯隱自如而形定，而美軍之攻擊有著力點矣。不使敵之形名露，則無攻擊著力點矣。」

以上這一段分析是十二年前的記載，從這裡我發現美國在越戰中的錯誤有下列各點：

⑴廟算混沌和廟算矛盾：不求勝利，是求什麼？求和？還有求失敗？戰爭目標如此渾沌不清。如果說不求勝利的戰爭就是保衞越南而決不侵入北越，那就是純防禦戰。純防禦戰必然拖久，拖久必需節約兵力；但是詹森總統却不斷增兵，兵增多了必然不能持久，自相矛盾。美國以客軍防衞越南，必先求越南政治安定，國力增長。但是却有那末多的越南政變，又屬矛盾。又說打到敵人坐下和談。用純防禦戰爭能迫使侵略者眞心和談嗎？如果敵人和談後又發動侵略，美國能再次出兵嗎？敵人到底是誰？有何把握確定蘇俄中共不站在北越那一面。如果中共蘇俄都站在北越那一邊，敵方力量不小，何以能打到敵人坐下來和談。要知道，打敗敵人易，打到敵人求和難。美國所恃以打擊敵人者，不過轟炸河內，那能迫使敵人和談嗎？總而言之美國對越戰廟算，渾沌不清，自相矛盾，根本就是無算。所以必敗。

⑵美國不知戰爭的「形」。反侵略戰爭必須打中侵略者的要害，纔能使侵略者屈服求和。當時的敵方應包括中共蘇俄的整個共產世界，越共只不過是前哨游擊隊，河內不過前哨站。打擊越共和轟炸河內可以說是打中敵人的要害嗎？大兵捕盜如牛捕鼠，牛捕不到鼠，大兵亦不能捕到游擊隊。美國最怕引起中共出兵，殊不知中共大兵一出，則敵形現而要害顯露，正好供美國打擊，而迫使求和。韓戰之所以迅速結束者，中共出兵爲重要因素之一。以上各節均不明白，可謂全不知道兵形。

⑶不知用將之法。孫子說：「凡此五者，（指廟算之五校之計。）將必知之，就是指將帥必需參預廟算。又說：「計利以聽用之，不聽，去之。」就是說：廟算有利而又爲將帥接受，則此將帥可用。不爲將帥接受，則不能用此將帥，這是擇帥的要點。正如建造房屋，老闆所要建造的房屋必經過建築師的技術同意。如未經建築師的技術同意，而由老闆指揮建築能不失敗嗎？

綜合以上要點的錯誤有：廟算混沌矛盾，不知兵形，不知用將；則失敗乃必然之果。我在五十五年已完全看清此諸錯誤要點，而推斷其將失敗，可是西方人當時並不知此，蓋由於中國古兵學長於料敵決勝能先知，而西洋兵學不能也。故曰，越戰是兵學試金石。

第四篇 蘇俄戰略管窺

楔子——滄桑滿眼話興亡

人類的戰爭範圍，隨着交通的擴大而擴大；自從地球交通溝通以後，戰爭也逐漸發展爲世界性。把二十世紀作爲世界性的戰國時代，我想是沒有人反對吧。一個生存在戰時的國家，固然並不單靠戰略，可是戰略無疑是最重要的。說到這裡不禁使我想起拿破崙與希特勒。這兩位都是才氣過人的領袖，而確把他們的國家自痛苦的深淵，帶向一段幸福的路程。如果他們最後不好戰與戰敗的話，那他們同他們國家的歷史將是多麼美滿輝煌。不幸兩人都犯了一個毛病，輕於戰爭，而又不懂戰爭，結果末路都是走向失敗與死亡。——正因爲不懂戰爭，纔會輕於戰爭，所以他們的不幸，只是不懂戰爭。滄桑滿眼話興亡，多少英雄在戰爭裡跌倒！我們所眼見的就有威廉第二、希特勒、墨索里尼、詹森………。

一個英明的領袖，必需具備三樣要素：號召與吸引力，知人善任，高明的戰略。雖然這三要素，在人性上有其連繫，但在知識上，則各個獨立。做一個領袖必然地具備號召與吸引力，但未必知人善任，知人善任了，也未必有高明戰略。三國時袁紹是具有號召與吸引力的，但却不能知人善任，又不懂戰爭。劉備與符堅都知人善任，但却不懂戰略。甚至如漢高祖之明哲與知人善任，仍然不懂戰爭，每自戰多敗。要不是有韓信來彌補這一缺點，恐怕歷史上將沒有劉漢字號。我們從這一點可知戰略對一個領袖是何等難題。

戰略爲什麼難呢？第一，一個戰爭的發展是超時間的與超空間的。英法的百年戰爭，在戰爭發生之初，沒有人能看見它在何時結束。歐洲兩次大戰開始時，沒有人能知它的範圍包括那些國家。希特勒在進兵莫斯科之前也未想到俄國的冰天雪地對機械化部隊當有如許之阻碍。第二，因爲超時間和超空間，沒有人能預料它將有那些變化。單以武器言德國在第一次大戰的火力強盛，沒有想到英國在馬恩河一役中發明坦克，大敗德軍扭轉勝負。在第二次大戰中希特勒的機械化步隊一往無前，但沒有想到俄國的摩托化大砲群爲其剋星。日本軍閥們更未想到原子彈。再以人事言，第一次大戰萬沒有想到美國竟出兵一百萬爲西線主力。同時也沒有想到，俄國會發生革命，解除德國東線負担。第二次大戰中，希特勒很難想到，英俄之間一反過去而作緊密的合作。也難想到一向刼拔弩張的日俄關係，而日本會放棄夾攻西伯利亞。所以當我們面對戰爭，就面對一個超時空的變化莫測的怪物。面對這怪物，必需有特殊的智慧與學識才能一眼看透而把握勝利。這絕非一般人所理解與勝任。以漢高祖、拿破崙、希特勒那樣聰明有才智之人也不能勝任。主要的原因除有特殊智慧之外還要有深厚學識。中國古代兵學家主張爲將者必需上通天文，下知地理，中通政治外交，一般人以爲這是小說家狂言，但是綜觀一二次大戰以及韓戰越戰中東之戰，我們深深地感到此非狂言，而乃眞理。也許一般人說，天文地理軍中各有專司，並不要大將一人盡知。那我就要反問他們，進步的德國難到沒天文地理家？何以希特勒居然以機械兵團挫敗於俄國的冰天雪地？可見軍中天文地理雖各有專司，然爲統帥者，如無清楚之輪括認識，則雖有專家必不能用。

我常常感到一個國家在戰爭中，最關緊要的就是權力與戰略的結合；最難的也是權力與戰略的結合。這一難題自古已然於今爲烈。何以言之，今日權力是平民大衆的集合。戰略是智慧與深厚學術的集合。這兩集合非常難結合在一起。漢高祖再怎樣聰明，也難認識韓信的戰略。所以常常想不用韓信而自用。平民大衆無法理解戰略，戰略家也難向平民解釋戰略，何況戰略尚有難以說穿之苦。在古代帝王相傳，尚有聖君賢相之可能。近代歐美大率爲平民政治，他們的領袖都是合平民口胃的，又何來聖賢。所以美國常常無法使權力與戰略結合。僅有的良將麥帥，還是被罷黜了。又那裡會有勝利？好在美人會解嘲，——「不求勝利。」平民是喜歡廉價購買的；「勝利」和「解嘲」同樣能自慰，兩者相比，勝利太昂貴也太花腦筋，倒不如揀選「解嘲」來得合理。這是卅年來美國對外政策的總寫照，也是今後卅年美國命運的投影。

第二，戰略之難難在先知先備。先知先備則勝，後知後備則敗，不知不備則死無葬身之地了。項羽兵敗東城，謂天之亡我，眞可謂不知不備，難怪死無葬身之地了。現在的美俄都是後知，不過美國後知而少備，專喜自我解嘲。俄國後知而備。何以知道俄國後知而備呢？當我國退出聯合國之際，有人間接獻計於美國國會，以如中共進聯合國，美國可退出聯合國，或削減聯合國經費。美國一二議員與華理士州長果然叫出。毛酋澤東慌了。（這大概是三十年第一次着慌。）立刻邀請季辛吉赴北平。在此之前尼克森政府還假慈悲，尙在爲維我聯合國席位作拉票等小動作，在此之後，一切小動作都停止了。這一經過使俄國突然醒覺，大叫「你們（指美國）同北平勾結這樣深。」原來俄國不知，此刻纔知道了。可謂後知。但立刻同印度訂廿五年協定，並嗾使印度進攻東巴兹斯坦，想鈎出毛軍支援巴兹斯坦。毛酋狡猾死不理，俄國此計雖不成，可是此後它的攻擊矛頭始終指毛酋，可謂後知後備。所以自毛尼勾接迄今已八年，俄國所處的環境尙可說是雖困難而未敗。（今後它的戰略如何，下章再詳析。）

第三，戰爭所涉及的事物如是廣泛，何以能先知先備呢？主要在能明瞭勝負原理，其詳請參閱拙着當代戰略原理及其運用，玆姑舉一例言之。孫子云：「稱生勝。」這是勝負原理。德國以四千萬人口，又缺油類燃料，而在兩次世界大戰中，均欲以一國之力而戰英法美俄。其不稱，乃盡人皆知。而威廉第二與希特勒均違背此原理，故至一敗塗地。不但德國，拿破崙亦然。觀拿破崙征俄撤退中，萬里行軍於荒寒地帶由莫斯科退出，尚能井井有條，且戰且退，則其戰術天才，與鎭靜勇敢之品德，遠過項羽，而爲世界戰史上不多見之人物。但其昧於勝負原理，而不能把握作戰之基本方針，一如希特勒。拿破崙自述其征俄之動機：「此種嘗試自不免具有危險性，但余仍深信有成功之可能：更進而言之，此種嘗試乃使余之功業完全免於危險之惟一途徑。」（見拿破崙之政治與軍事生涯。）吾人試觀此一段文字可見拿破崙征俄之始，其決策卽陷於矛盾，而爲其失敗種下不可拔之惡因。事旣具有危險性，又何以能「深信」其有成功之可能。其中矛盾極爲明確。基於此種矛盾心理而構成之策略，必然動盪而不明決。再看，拿破崙檢討其征俄失敗原因中有：「第一，……在遠征俄羅斯之初，余本不擬擴張至斯摩稜斯克以北，……而且自我軍前進至伏蘆蝦那以後，摩拉主張擊潰俄軍於瀘蝦河岸所提出之報告，遂使余決定向斯摩稜斯克以北推進。」以數十萬大軍作戰於萬里外之荒蠻地區，其基本決策如是動盪而不明決，不敗何待。再看希特勒先遣赫司飛英，而後進攻蘇俄，則其構想必爲和英攻俄。可是與英和約一日未簽定，即一日尚處於戰爭中，何以不待與英和約簽定罷兵後再攻俄；而與英人尚處於戰爭中又動兵攻俄自陷於兩面作戰中。同時，希特勒攻俄之戰略目標，究竟爲完全佔領俄國，抑爲殲滅其野戰軍？如欲完全佔領俄國，則四千萬人口之德國根本辦不到。如欲殲滅其野戰軍，則俄有兩億人口，其兵源可至一千萬，又如何殲滅？第一年攻莫斯科不下，第二年又改攻斯太林格勒，其中戰爭目標始終不明確，動員全德與西歐力量，冒兩面作戰之危險而戰略目標不明確，豈非駭人聽聞之基本錯誤。其昧於大計；不明勝負原理，乃顯着之事實。深明戰略原理，的確非易事。戰國時，秦圍閼於，趙王欲救之，問於廉頗樂間，均言道狹而險不可救。問於趙奢，則答稱「道狹而險，譬如兩鼠相鬥於穴中將勇者勝；」趙奢以此大破秦軍。曹操得荊州水軍下江南，東吳張超估計，魏吳形勢說：「江東所恃者長江天險，今操得荆州水軍，長江已與我共之矣。」而周瑜謂：「操以中原將士捨鞍馬仗舟楫，欲與吳越爭橫，乃自送死。」可見戰略原理之運用必需兼戰術而言。蔣緯國將軍在其論着中謂戰略戰術互相決定，眞一針見血，千古不刋之論。所以戰略家必兼有學理智慧經驗，以其所以爲難能可貴；而不易爲一般人理解了。

近代歐美政治人物只知道號召力吸引力，知人善任已不多見，何況戰略呢，故表而出之，作爲本文楔子。——滄桑多少話興亡，這興亡滄桑的主要因素十之七八都在戰略咧。

第一章　俄國戰略的傳統

第一節　俄國的民族性及其文化

俄羅斯的祖先並沒有創造獨特的文化。歷史家在描寫他們祖先的生活大概如下「森林，是俄羅斯多世紀生活的一種道具：十八世紀後期，俄羅斯人大部份的生活，就是在我們平原上的森林帶渡過的」（柯留切夫斯基語）。……森林也爲俄羅斯人盡到偉大的政治服務：「森林是充作逃避外來敵人最有效的一種掩蔽體，它爲俄羅斯人代替了高山和城堡。國家第一個經驗，是當它在有草原的國境線上與比鄰相處不順利時，就祇好在遠距基輔的北部加強防禦，用森林將草原那一方面掩避起來。」（柯留切夫斯基語）。最後，森林給俄羅斯人提供了宗教——道德性的服務：在韃靼人壓迫的那些艱苦的時期，在外來的政治壓迫和社會內部的道德墮落的時代，虔信宗教之士想離開世俗的誘惑、忙碌和罪惡，到森林的「沙漠」中去，在那裡建築了禪房、修道院，并且孤孤單單的和默默無聞的住了許多年，後來，其他擁護「隱遁苦修生活」的人也去依附他們，建立了修道院，後來這些修道院逐漸的就成爲俄羅斯原始時代森林空間殖民的中心與據點。

但是，俄羅斯人在這個林海裡的生活并不怎麼容易，也并不怎麼安全，他們必須辛勤而緊張的工作，爲耕種而清除林木，那些可以留下來還沒有播種的空間，很快的又蓋上一層樹木的幼芽。森林威脅着俄羅斯的農民：野獸來襲擊他們或襲擊他們的家畜；一些莫明其妙的由森林中發出來的呼嘯，令他們恐怖的幻想着，森林之魔開始在尖叫和呻吟；在找不到人們走過的小徑時，就要害怕有無望的迷失在暗無天日的森林中的危險；於是，就習慣的使他們「往天上看」，成爲小心翼翼、謹謹愼愼和疑心很重的一些人。（見樸希加廖夫著的俄羅斯史。呂律譯，國際關係研究所印行。）

俄國的國民性

「在紀元二千年前，古代俄羅斯的土上已經開始歐化了。因爲在當時，地中海方面已經有多少國家在希臘文明普照下，興而又衰；後來，等到黑海北岸也繁榮起希臘殖民都市的時候，俄羅斯的各大河口也啓開了文化的黎明。不過，古代俄羅斯人的命運多舛，一直處在被征服的地位，情況極慘。當俄羅斯開始歐化的時候，俄羅斯中的大部份斯拉夫人却不得不暫躲征服者驕傲的鋒芒，都逃到山地和森林中避難，所以古代斯拉夫族的生活方式是一種處於遊牧和定住之間的所謂流浪式的移動農耕生活。

古代斯拉夫人恐懼森林，感覺遲鈍，消極和服從的態度削弱了創造精神和活動能力。一切都處於被動，順其自然，聽從命運的屈辱於異族迫害，和苟安於自然威脅中；但是他們畢竟由環境的磨鍊，最後克服了環境。

俄國這個面積龐大的國家，從冰天雪地的北極到炎夏酷暑的克里米，夏短冬長，四季變化劇烈，而又自成一個世界；因此，歷史上和其他民族發生關係，也就比較來得晚。不同情的自然，給了俄國人民最艱苦的負担，他們簡直沒有餘力再去講求人生趣味，更談不到改進社會組織。」（見李迺揚著俄國通史。）

以上史家所描述這樣的可憐兮兮一無所有就是早期俄羅斯的生活。至於他們的政治和文化史呢？最早公元前五百年是希臘的殖民，在黑海一帶。又次公元前二百年被大月氏統治。又次公元三百年爲來自波羅的海的哥特人統治。又次六世紀爲匈奴阿提拉統治。又次爲匈奴阿瓦爾的統治。又次爲（七—八世紀）爲保加利亞人的統治。再次一二三六年元朝爲金帳汗統治。最後由金帳汗扶植的莫斯科大公纔慢慢地開始建立俄羅斯。在這時期中，他們有許多小公國。請看樸希加廖夫在俄羅斯歷史的描述：

「公爵的職責，首先是保境安民。公爵執行對外政策—辦理同其他公爵及其他國家之間的外交，締結同盟和條約，宣戰與構和（但在戰爭需要召集義勇隊時，公爵必須先得到市民大會的同意）。公爵是部隊的組織者和統帥，他召集並且組成爲自己服務的親兵，他委派入民義勇隊的隊長，在作戰時，他既可指揮自己的親兵，也可以指揮人民義勇隊。

公爵又是法官、法律的創制者和行政首長。在十一—十二世紀古俄羅斯名為「俄羅斯眞理」的法律彙編中，我們可以很明顯的找到公爵們立法活動的一些痕跡。譬如：雅羅斯拉夫的幾個兒子—伊茲雅斯拉夫，司華陀斯拉夫和富謝沃洛德—廢除報血仇，改爲現金賠償，又批准「俄羅斯眞理」的其他法律標準與決議；富拉狄米爾·莫諾瑪赫制定貸款利率法。古俄羅斯各公爵曾爲教堂頒佈法律與規章，曾爲教會機關規定法律地位。

公爵在自己的公國以內，是最高的法官，他應發揚公理，審判公正，不戴假面具拯救被欺侮者。

公爵的親兵隊，人數並不多，甚至於那些長房的公爵，他們的親兵隊也不過七—八百人（編年史中很少提到親兵隊的人數，我們所能發現的祇到這樣的一種程度），但是，他們通常是強大的、勇敢的，都是與公爵有個人契約和信任關係的、經過教育的職業戰士。親兵隊的隊員，不是朋友的關係再不就是兄弟的關係，也就是說是一些忠實者的結合，是公爵在千鈞一髮之際可資信賴的一些人。他們不僅是公爵軍事上的夥伴，也是他在行政管理方面、司法方面的佐理者、襄助者及個人的服務者。

親兵隊分爲長幼兩種，統稱爲公爵的親信或貴族。在一開始的時候，親兵隊由公爵的內宮開支；他們的報酬，來自人民的貢賦及一次成功的出征所得的戰利品的提成。後來，這些侍從衞士，特別是高階層的—貴族，開始弄到土地，並且安家立業，而在出征時，帶着自己的僕從。」

看了這些描述就可知在十一、二世紀，元朝西征時的公國，他們的親兵，軍隊的中堅，不過七、八百人。從這些描述裡我們可以看到俄國在那時還是一無所有。他們的政治與軍事組織尙未進入國家型態。他們更沒有學術、文字、音樂、和美術。

即使到現在爲止，他們所有只是從元朝學去的殘忍統治和軍事侵略。從德國籍猶太人馬克斯學去的所謂思想，從法國學去的文字貴族生活方式和舞蹈，從日爾曼學去的音樂。從拜占庭學去的宗教和工藝，從德國擄去的飛彈專家，和從美加襲取的原子彈製造法。

他們傳統所有的只是：忍耐和死叮着不放。這些是他們從古代森林生活，苦寒和長久被侵略中所鍛鍊成的民族性。所以我們可以下個結論：俄國有民族性，而無民族文化。一個民族的傳統軍事思想，是民族文化的一部份。如中國民族文化是仁義，所以軍事思想是不戰而屈人之兵。俄國沒有民族文化當然也沒有軍事思想。所以要了解俄國的戰略傳統只有從事實上去尋找。

第二節　對拿破崙戰爭與對希特勒戰爭的比較

在談這兩次俄國最出風頭的大戰之前，讓我先插一段來討論，俄的軍事學究竟有沒有受到中國的影響？在這裡請看下列諸敍述：

「蒙古並非如一般西方歷史學者所說的，只是一個野蠻落後毫無文化貢獻可言的遊牧民族。反之，她在政治、軍事、財政、交通各方面，均有一套極足重視的制度和辦法。這些制度和辦法，大都爲俄國所接受吸收，對於俄國今後歷史的發展，具有很大的潛在影響力量。

第一是她在政治思想方面的影響。蒙古可汗認爲他的統治權力，並非來自臣民的推擧，而係來自天神的授予，頗似近代西歐君主所倡的君權神授說。因此，可汗的權力是至高無上的，是無條件限制的絕對權力，換言之，也就是君主專制的思想。蒙古的統治者認爲，全國人民，不論地位高低、財富多寡，均應爲國家提供一致的服務。任何人不容以任何理由，逃避本身的義務與責任。這些政治思想，不僅莫斯科大公深深受其影響，奉爲立國南針。甚至十月革命以後所產生的蘇維埃政權，也繼承了這一套專制獨裁的理論。」（見李邁先着俄國史）

看了以上的歷史，可知俄羅斯在蒙古金帳汗統治之下的二百多年，吸收許多軍事政治和財經知識。

再看俄國素柯諾夫斯基元帥主編的蘇俄的軍事戰略中：

「溯自紀元前五世紀，始有人將過去累積的軍事知識予以系統化。古代東方軍事思想家如中國的孔子、孫子、吳子早在當時已將某些法則作爲指導戰爭的基礎，例如：天時、地利、人和以及將才種種條件卽是。」

可見俄國對於中國古兵學是有相當接觸的。關於這一方面的討論止於此。現在讓我們回頭來研討亞歷山大一世的反拿破崙戰爭。

我研討這一戰爭有一基本着眼點—在亞歷山大一世與庫圖索夫在這一戰爭中是否有一基本戰略，而主動地予以實施。果爾，則其戰略能力之評價極高。反之，則俄羅斯之戰勝拿破崙爲瞎猫碰上死老鼠而已。茲就拿破崙征俄史中提出下列幾件突出的事實。檢查這些事件可顯現當時俄國之戰略出於主動，抑或被動。

⑴亞歷山大於戰前以最後通牒致拿破崙。

⑵法軍越過尼門河進入俄國國門時未見抵抗。

⑶亞歷山大使反拿破崙將領往法軍求和。

⑷不戰而放棄維爾那營寨，斯摩稜斯克爲大俄羅斯之重鎭及莫斯科之門戶，僅略予抵抗，卽予放棄。

⑸至莫斯科前門之保羅廸諾，作一稍激烈之抵抗而卽逃脫。

(6)放棄莫斯科。
(7)於拿破崙進入莫斯科後焚燬莫斯科。
(8)拒絕拿破崙之和談要求。
(9)於拿破崙撤退中，庫圖索夫之追擊，並不激烈，宛如送客。
⑽亞歷山大始以庫圖索夫爲前線兵團指揮官，至莫斯科門前時方爲三軍統帥。

拿破崙在其檢討征俄失敗時，並不承認此戰之結果，由於俄國主動地誘引法軍深入。他認爲此一戰爭完全由於某幾次戰役中他指揮失誤而失去捕捉俄國大軍之機會；與某些戰役中，俄國人因應得當，而決定勝敗誰屬。余與拿破崙之看法相反，玆就上列所舉之事實申論之。

俄國向法國致最後通牒爲一八一二，而其前五年，俄敗於法，兩帝曾作和會，俄人曾一面倒向法人低頭。而在此時，法國既訂法奧法普條約，其地位之強大有過和會之時，而大軍已在動員，征俄之行，隨時爆發。亞歷山大第一自知不敵，何以有此最後通牒式文件激怒拿皇？拿皇於接到此通牒應深深警惕。凡有關軍事行爲之變化，若發現有與形勢相反之事態出現，必飽含詐謀。（見拙註之當代戰爭原理及其運用）歷史家與拿破崙眼中之亞歷山大一世為一聰明有修養並具有外交天才之君主。絕非不懂外交行為與禮節。此種最後通牒之動機，除激怒拿皇而誘致其深入俄境外，別無其他解釋。余一見此最後通牒，卽明確判斷，此次戰爭發展由俄方主動。——卽誘致拿皇大軍深入俄境而讓冰天雪地與缺乏補給以消滅之。其佈置井井有條，外交政略戰略配合無間，而表面猶偽裝作粗魯、愚蠢、與手忙脚亂之戰敗者。

第⑵⑷有一則啓拿皇輕敵之心，一則逃脫主力軍，而達誘敵深入。斯摩稜斯克為大俄羅斯之重鎭，為莫斯科之門戶。拿皇本有至此而止之想法。如果俄人至此不戰而遠遁，則拿皇可能考慮班師。俄人於是故作相當激烈之抵抗以激怒拿皇而又適時逃去。以誘拿皇再追。至莫斯科前門之堡羅廸諾之小型會戰亦然。總之此一戰爭，自始至終，亞歷山大之戰略在主動誘拿破崙至莫斯科。而其所用之誘技極為成功。先以最後通牒以激拿皇出兵，此兵一出卽不易善後。再用且戰且退，假戰眞退之狀態，以吸引並激怒拿皇尾追不捨。其退兵之技術相當高明。每以分退而復合。使拿皇感覺敵軍正在前面伸手可得之處。總之自拿皇入俄境以後一直有一串感覺(1)敵軍不堪一擊。(2)未有戰果，退不甘心。(3)戰果就在鼻尖上了。(4)好小子，你還敢跟我拼?!這樣一直追進莫斯科。一進莫斯科，就進了陷阱。一把火燒燬拿皇的意志與事業。關於莫斯科大火有兩說：一說在拿皇進入莫斯科前：另一說在拿皇進入莫斯科後。我採信後一說。何者？因爲如在拿皇進入莫斯科前大火，拿皇必不踏進莫斯科。拿破崙進駐莫斯科是史實，則莫斯科大火在拿破崙駐進莫斯科以後亦必爲史實。俄人能在拿皇進駐莫斯科之後，焚燬莫斯科；其準備之周密與用心之狠毒，確爲稀有。所以我斷定在這一戰中俄國是主動的。不僅此也。俄國人之誘敵深入時之大規模退軍與焦土政策，必引起軍民之反對與民心士氣之沮喪。此種內在之壓力較之拿破崙之壓力更爲可怕。亞歷山大對處理此項壓力的確夠圓滑老練。第一，戰爭初期派戰勝土耳其之庫圖索夫在前方作戰，使國人理解渠之撤退並非故意放棄國土與人民。而在莫斯科門前保羅廸諾之戰則調庫圖索夫爲統帥，以堅持其退出莫斯科，而使全國皆認爲放棄莫斯科爲萬分不得已，且爲名將之決策。抑有進者，其在拿皇越過俄界進入維那爾之時曾派其反法聯英最激烈巴拉斯可夫將軍前往拿皇求和，其條件爲接受拿皇之大陸體系並準備商談一切問題，但先決條件必需法軍退至尼門河（即俄國界河）之外。亞歷山大一世此舉既可激怒拿破崙，更可買好其軍民。其外交政略與軍略之配合極盡完美之技巧。又渠親巡莫斯科與伏爾加河流域擴大征兵在法軍進駐斯摩稜斯克後，在在皆表示其愛民與不得已之苦衷。拿破崙自莫斯科撤退後俄軍遂自各方會集追擊，然僅河川渡口，作若干砲擊，而不作殲滅性之會戰，蓋渠等已知拿皇之六十萬大軍，必將被饑餓與冰雪吞噬，而樂得保全實力，以爲進入歐洲腹部主宰局勢之本錢。以致於亞歷山大一世在後來深入歐洲，有萬王之王之威勢。

西歐人何以如此尊重亞歷山大一世，還不是因爲亞歷山大之雄厚兵力與拿破崙尚在，如果拿破崙陣亡於俄境，則西歐人也不需要亞歷山大了。總之亞歷山大一世與庫圖索夫於此一戰爭中確有一完美主動之戰略與有效之實施。庫圖索夫之爲人，吾人無文獻以資說明，而亞歷山大一世之爲人史家之筆底有下列之描述：

「亞歷山大一世生於一七七七年，自幼爲祖母卡德琳二世所抱養，少年時學物理、植物等學，天資英邁，但也和祖母一樣的不講人倫，並參預了弒父。在他統治的末年，雖然也被國人視爲老頑固，但在起初却被呼作「俄羅斯暴政的解放者」。他登位後，恢復了卡德琳二世的政治維新，並且聲明施行共和，恢復一七八五年的憲章，予人民言論和出版的自由，採責任內閣制。大臣集會爲行政機關的中心，政府機關和民意代表會並立，國務會議對獨裁沙皇負責；因此元老院的職權縮小，僅限監督和裁判的範圍了。一八〇三年經樞密會議研究的結果，頒佈「自由農夫」的法律，命令地主自動解放農奴，以收租的方式賦予耕種權，是爲俄國農奴解放的先聲。

一八〇一年模倣拿破崙法典，編纂新的法律；一八〇二年改國務院爲陸軍、海軍、內政、外交、司法、財政、商業、教育等八部，每部設部長一人，總攬全部事務；關於各部共同事件，則由部長會議處理。此外，更由沙皇指定十二人，組織定期會議，討論國家的重要政務。

教育問題也有極大的建樹。全國教育事務分六個地域爲六部，每部包括若干區，每區派督學一人，保護學校的利益和監督教育事務的進行。在各地設立宗教學校，訓練教士，創辦商業和東方語言學校，培養專門人才。除在莫斯科、彼得堡、喀山、基輔等處設立宗教大學外，還增設軍事和普通大學十五所，以教育貴族子弟。此外，各地分設縣學和鄉學，還包括師範學校，於是教育逐漸普及，民智日趨開化。」（李迺揚俄國通史）

「亞歷山大一世體形修偉，儀態雍容，待人接物，彬彬有禮，充分表示具有良好之教養。因其自幼周旋於祖母與保羅一世之間，對於不同之事理，不同之人物，均有從容應付之能力。此種複雜的家庭環境，養成了亞歷山大純熟老練的外交技巧。拿破崙與其數度接觸之後，卽譽其爲「天生的外交能手」及「北方的斯芬克斯」。

亞歷山大的政治理想，對內方面，他反對君主專制制度，主張建立一個具有某種形式的憲政政府，並對農奴制度有所改革。對外方面，則主張由世界各國以平等地位組成一個「自由的國際聯邦」。其所倡議之「神聖同盟」，雖有濃厚的神秘宗教色彩，但其基本理想，則應受吾人之尊重。」（李邁先俄國史上）

拿破崙不幸遇見此一開明式的梟雄，不得不失敗了。

至史太林在二次大戰對抗希特勒之戰爭中所表現戰爭才能亦不凡，但較之亞歷山大就略有差別了。玆亦先就戰史提出若干關鍵事態而討論之。

(1)史太林未能確切感覺希特勒卽將進攻之動向。

(2)戰爭之前史太林對於大規模機械化部隊未能作適當之處理與佈署。

(3)史太林初期接戰手忙脚亂，致兵員犧牲重大。

(4)俄國自大革命後因時間短促，尙未建立軍事思想。

(5)俄國在第二次大戰中之所以能獲勝，第一歸功與英美之援助。第二歸功於彼國朝野鬥志之堅強。第三，史太林之堅守莫斯科，與適時之恢復民族精神。

史太林本人爲一鐵路工人，渠自革命成功後一直忙於權力之獲得及國防工業之建立。（所謂五年計劃）在此時期，渠本人一直未出國門一步。渠對戰爭之經驗，只是在內戰時期之保衞沙利津之小規模戰爭。（卽後來之斯太林格勒。）渠之惟一特長，爲尙懂得現實，深知俄國之陸軍遠非德國之敵手。渠固然極喜用間諜，然效能遠不如英國。當邱吉爾一九四一年四月四日通知史太林，希特勒將在一九四一年六月二十二日進攻俄國，史太林尚在將信將疑。史太林一方面集中大軍於其邊疆（最大戰略錯誤，致俄軍重大損失）另一方面由俄國官方報紙表示願於邊界及經濟方面對德國作若干讓步與優惠。又有意無意之間發出資本主義國家意在挑起德蘇作戰之言論。以為試探希特勒之反應。其實希特勒進攻蘇之計劃，已於一年前開始草擬。由此可見史太林之情報遠不如邱吉爾之情報靈通。而由於史太林之滯頓無知，以及對英國之不信任，故其對德國之侵略企圖毫無有效之對策，致造成初期之重大失利。

在德蘇戰爭初起，德國主動以空軍襲擊蘇俄空軍基地並迫使蘇俄空軍在明斯克上空作兩晝夜之空軍大會戰。蘇俄約三四千架飛機，幾乎全被殲滅。爾後一年，不見蘇俄空軍出動。同時德陸軍分三路進攻，北攻列寧格勒，南攻基輔，中路由明斯克進攻莫斯科。二週內在明斯克俘獲俄軍三十萬，其後在基輔俘獲俄軍六十萬。死傷逃散尚不在內。俄國當時陸軍為二〇〇師，第一次交鋒，蘇俄損失陸軍約五〇%。而且烏克蘭全部及大俄羅斯之大部領土均被佔領。因而使俄國損失人口四〇%，煤產六五%，鋼產六〇%，糧產三八%，糖產八四%，鐵路線四〇%。無怪希特勒於十一月底向狂歡之國會報告，俄國已被擊潰了。

俄國在當時交戰初期爲什麼會有如此重大之損失？主要原因爲史太林及其將領對戰略、戰術、戰技、戰具（武器）均無深刻之了解，與優越之水準。尤其對於空軍，俄國自始至終，未聞其空軍有優越之戰績與戰將。德俄戰爭開始時，在上海租界孤島內，俄方有一份四開之英語日報，名曰戰鬥日報。在明斯克上空會戰稍後常宣揚史太林之子、格羅果成空軍少將如何英勇。然細觀其內容不過由甲機場逃乙機場，乙機場逃丙機場之且戰且逃而已。蓋其時蘇俄之大批空軍已被殲滅，所餘無幾了。德蘇之戰，蘇俄無論在武器上與兵員上，並非數量低少。當時德國出一八〇師，蘇俄出動二〇〇師。蘇俄約有飛機四千架，坦克四千輛。德國在數量上也不過如是。但是史太林忽視兩件事——戰機的把握與戰略的運用。尤其對高度機械化戰爭缺乏認識。高度機械化的戰爭與古老式武器的戰爭性質不同。高度機械化戰爭，一點優勢，卽爲全局的優勢。比如十隻大砲，對八隻大砲，則十隻大砲必可殲滅八隻大砲。十隻大砲對十隻大砲，誰先射出，誰即能殲滅對方。蘇俄在戰爭開始由於失去戰機，致使空軍一敗塗地。而德方挾優勢空軍配合地面機械化部隊，陸空夾擊蘇俄地面部隊，則蘇俄之地面部隊必敗無疑。蘇俄擊敗希特勒之最佳時機爲在德軍進攻馬奇諾防線之時。此一機會既失，蘇俄應將其飛機、坦克隱藏於敵空軍不能打擊之處。而於基輔及斯摩稜斯克等處廣建鋼鐵之梅花形堡壘。地面有保壘阻止，使敵人之地面部隊不能暢所欲爲，而飛機、坦克藏於此堡壘之遠後方，以集中而待適時之使用。則必不致於戰爭初期，遭受幾乎毀滅的損失。史太林必需了解頓河流域爲蘇俄工業重心。希特勒必以佔領頓河流域爲首要目標。然如以坦克置於此地以與德國苦拼，則一敗必被殲滅。故於此等地區，必須建鋼鐵之梅花堡壘。以俄國之鋼鐵產量，居世界第一、二位，必可勝任。如此則德軍的進攻以基輔爲中心之頓河流域，如古代之攻堅城。而俄國地面廣大，飛機、坦克儘可掩藏與遠後方必不致一舉被殲。待德軍進攻頓河堡壘區，久頓兵於堅壁之下，兵疲意阻，俟冰雪將屆之際，然後出動其空軍與坦克南下而擊其側背；則雖有善事者，不能爲德謀矣。以第二次大戰時之空軍與機械兵團作戰，欲採守勢戰略，則必有地面阻抗與逃避主力被殲之策略。否則潰敗乃必然之後果。史太林自稱訂德蘇互不侵犯條約，卽爲爭取備戰時間。自一九三九至一九四一，時間有三年之久，足可完成此項準備。可是史太林竟未作此打算，盡量部署其陸空主力於前線，以致爲德一擧殲滅，幾至亡國。史太林之想法，不過爲且戰且退，逐部抵抗。渠不知空軍高度機械化部隊會戰，一敗卽不能逃脫了。走筆至此，回憶當年我　總統蔣公領導抗日之時，絕少建立機械化部隊，縱有一二機械化部隊亦不置於前線，前線使用步兵所以能且戰且退，逐部抵抗，聖哲遠見非凡人可比。不然，中國國力雖弱，建立十師八師機械化部隊，難道還不能夠嗎？抗戰時筆者在三戰區，皖南蘇南之間，我方兵力計有三師、六三師、五二師、四〇師、其中六三師、五二師，均無砲可言，而四十師獨有四十門野砲，超過日方師團砲兵數額。蓋以砲兵亦屬機械化武器之一種，必需集中而具優勢，方可使用；劣勢則不若沒有之爲愈也。

俄國自大革命後，迄未見其建立軍事思想。其所謂軍事思想，一則曰馬克斯，再則曰恩格思，再不然則曰偉大的布爾雪維克精神。他們這兩句話的意思是：

⑴資本主義國與國間有矛盾。

⑵資本主義國家國內有階級矛盾。

⑶蘇俄是無產階級專政，所以其戰爭因得到無產階級支持而發生無比的鬥志與生產力。

其實這幾句話只不過是：「利用敵人國內的矛盾，利用敵人友邦的矛盾，在我方令民與上同欲。」這是自古以來每一個起碼的戰略家的起碼認識。

史太林倒是比較現實的。在第一次歐洲大戰的末期，俄國十月革命後，布黨政權初建立，面對與德國和戰的決策時，託洛斯資不願委屈向德求和。（即賠償卅億馬克）託洛斯資認爲德國如敢向蘇俄進攻，第三國際將發動一次德國大罷工，可以使德國癱瘓。因此他主張拒絕德國和談的條件。史太林則認爲如果拒絕德國的和談條件，則反應的不是德國大罷工，而是德國大砲的響聲，結果史太林算是猜對了。

史太林在第二次大戰，德蘇之中，用來提高民衆的鬥志與生產線上的鬥志的法寶，却是愛國精神與民族的光榮。

史太林眞傳：「三個月的戰爭經驗，使他深信，要取得人民的愛戴，只有高調愛國。因此，他在同年十一月六日的慶祝十月革命二十四週年紀念日上演詞，強調俄羅斯民族的偉大，和它曾產生「樸列漢諾夫和列寧，拜林斯基和契爾尼舍夫斯基，普希金和托爾斯泰，格寧卡和察依科夫斯基，高爾基和紫霍夫，謝切諾夫和巴夫洛夫，列平和蘇里科夫，蘇渥洛夫和庫圖左夫。」這些大人物，是每個俄國人所熟悉的。翌日他在紅場上檢閱紅軍，又強調這次的戰爭，「是解放的戰爭」，「正義的戰爭」，並要戰士們記着他們的偉大祖先─亞歷山大，涅夫斯基，季米特里．頓斯可義，顧玆麻．明寧，季米特里．帕沙爾斯基，亞歷山大，蘇渥洛夫，米海宜爾．庫圖左夫。雖然他用「讓偉大列寧的勝利旗幟指引着你們！」做結論，而那些羅曼諾夫的大將們，却正是他所需要的，因爲德軍已迫近莫斯科。」

俄國人民一方面感於希特勒的殘暴，一方面興起民族安危感與光榮感，因而在生產與戰鬥前線都堅強起來。這是使史太林獲得勝利原因之一。另外更重要的是邱吉爾和羅斯福的援助。李邁先所著俄國史上對這項援助有一筆總賬：英援坦克五千輛，飛機七千架，軍火四億五千噸。美援卡車三十八萬五千輛，吉普五萬一千輛，商船九十五艘，曳引車八千輛，火車頭二千輛，另若干飛機坦克、鋼軌、電器、煉油設備，大批食物，共計一一二億美元以上。（其中所舉英援坦克五千輛，飛機七千架待考）。

史太林之爭取英美援助，倒是頗有技巧，其一，使來考察的英美大員感覺軍經援運用有效，其二，時時放出，如果俄國支持不住，將與德國人單獨講和，還有解散第三國際。在這一推一引之方法下，英美援俄物資就隨之而來了。

以上是講蘇俄抗德之戰先敗後勝之由。至於俄國怎樣打法呢？談到這裡請參看張濟英先生所著：慘烈的柏林攻城戰：

「在柏林市郊東邊，沿着奧得河的德軍防禦陣地，在夜晚被俄軍大量探照燈照耀如同白晝。明亮光芒之下，俄國人以五千架飛機，四千輛戰車，大肆活動。在飛機與戰車後面，四百萬衆的俄軍，完全無視於德軍猛烈無比的槍林彈雨，一波繼一波的密集前進。

在此令人心驚膽顫的死亡交響樂的同時，四十九歲的朱可夫元帥——史大林格勒的英雄，獰惡的下定了決心，要粉碎納粹德國最後的堅強抵抗，毀滅夢想征服世界的希特勒的心臟——柏林。

德國人堅守在各式重砲支援的厚厚掩體裏，凶猛噴吐毀滅性的密集大砲與機關槍火力，猛轟冒死前進的紅軍攻擊波。俄國兵以密集隊形前進，絲毫不尋求任何掩蔽，一面狂喊，一面發射衝烽槍，前仆後繼的進攻各處掩體，成千上萬的大批死亡。奧得河空氣裡充滿了死人屍臭。

朱可夫對廿哩正面的德軍防線，以每一波高達卅師的龐大兵力，連續投入步兵。每當突破一處防線時——都是付出可怕的俄國人生命代價之後——俄軍即以戰車，上面滿載着步兵，傾巢而入，迂迴德軍側翼，一次包圍十至廿個納粹師，俄軍砲兵隨即將之轟擊粉碎。

但是頑強固守的德軍決不退卻，更不投降。他們以狂熱憤怒猛烈的砲火，搏殺俄軍。「元首」曾經發誓：「我神聖的信心告訴我，俄軍必將在奥得河上遭到歷史上空前的最大敗仗。」他竭力勉勵守軍對「布爾雪維克極權敵人」作最後的全面抵抗。……

於是，俄軍當面德國第九軍長布斯將軍，率部浴血奮戰。他也確信戈貝爾不久將說服希魔調第十二軍來增援東線。溫克將軍所屬第十二軍，正在西線抗拒越過萊因河向東推進的英美聯軍。……

柏林邊界的守軍，在俄軍猛攻之下，愈戰愈勇。成千上萬的俄國部隊被重重埋設的地雷炸成了肉醬，能夠越過地雷區的，則遭迫擊砲，機關槍交叉射擊暴風雨似的火力所粉碎。朱可夫奥得河攻勢損失超過了五十萬人。……

這是什麼戰術呢？這大概就是所謂人海與火海交織成的戰潮吧。這種戰術之被採取，大概是由於簡單、易行、有效而適合俄人民族性吧！

俄國歷史上兩次大戰所顯示俄國戰略傳統都是先敗退而後勝進。但這兩次戰爭所表現的：一為主動，一為被動。

此外，時代是變的，戰爭的環境工具也在變。所以戰略也在變。史太林時代已非亞歷山大一世時代。史太林時代的戰爭工具已非亞歷山大一世時代的戰爭工具。亞歷山大一世時代的戰爭工具，可以且戰且退，誘拿皇深入，而讓冰雪饑餓吞噬法軍。史太林時代的戰爭工具已經不能讓史太林且戰且退而讓冰雪與饑餓吞噬希特勒的機械化部隊，冰雪只不過給史太林時間來準備。苟無英美大量援助，又安能編組爲強大的部隊衝進柏林。

從亞歷山大一世到史太林，他們的戰略雖在變，但是這變動的戰略，與他們不變的民族性都是息息相關。

第二章　當代戰爭與蘇俄

第一節　當代戰爭課題與蘇俄新戰略觀

核子武器分享所帶來的戰略景觀與第一、二次大戰時迥然不同。核子武器分享，武裝部隊大會戰即是自殺性大會戰，使人不敢嘗試。因而人類的戰爭趨向綜合性戰、彈性戰與隱形戰。其詳見拙著當代戰略原理及其運用。此處只能作簡單說明：彈性戰就是談談打打，昇高降低。—越戰是一個戰例。綜合戰就是政治外交經濟軍事一起參加作戰。—中東以阿之戰即是一戰略。隱形戰就是利用第二者打擊第三者，滲透、統戰與文伐（類似導誤）一齊來。—這種戰例散見各項新聞。像自越戰以來毛酋之對美就是一個戰例。這種戰爭主要特點是在使「誰發動戰爭人不知道」，「用什麼方法人不知道」，「誰戰勝了人不知道。」以上三種戰爭都是在避免武力大會戰而贏取勝利。這三種戰爭型並不是分立的，而是複合的。所以當代戰爭是極複雜，極變化。而主持這種戰略的人，須要極高度的智慧，極豐富的學識，極透闢的見解；尤其要有先知的本領。（其詳見拙著當代戰略原理及其運用）先知絕非預言，亦非神秘；乃是以推理方法統一歸納法、變證法、禪悟、經驗論，諸種方法而成的。其要點尤其在構想。這不是普通的小區區的構想而是一種幾乎超凡入聖的構想。像中國歷史上，姜太公佐武王大會諸侯於孟津而又解散；像明朝武宗時兵部尙書王瓊之用王陽明在贛南做巡撫以消除辰濠之亂，都是最佳戰略構想的史例。（姜太公之史例說明已見拙著當代戰略原理）惟俄國人的傳統是後知後備，對於先知先備一向缺乏。何況今日俄國人又處於絕對封閉環境中，絕大多數人不能接觸外界的刺激。如何能有新思想產生。加以俄國軍事人員一向受命行事，渠等所知所行不過極小業務範圍內。此等軍事人員所撰述之有關戰略論文不過有關核子大戰，突襲之可能與否，傳統武裝部隊之價值等等老生常談無補實用。下面將鈕先鍾譯米蘇里大學史學系主任戴德威蒙所記載一段爲一位曾在茀侖兹軍校任教官，而那時正在提摩盛科元帥幕中担任研究工作中的一位上尉的談話記錄如下：

「當時我正在弗侖茲軍校裡面擔任教官的職務，我們對於戰況的研究感到十分的熱心，希望從那裡面找到一切可能的教訓，以便應用在目前的訓練上面去。不過通常却很難於獲得忠實的結論，因爲黨的路線主張只准從紅軍戰勝的戰例中，去尋找教訓，却往往忽視了在失敗的戰例中，却蘊藏着更多寶貴的教訓。所以雖然斯達林曾經明白的宣佈着說戰爭的藝術一定要日新又新，而固定的思想是絕對要不得的，可是實際上，新軍事思想的發展却似乎還是非常的遲緩落後。儘管有了大元帥的意見做後盾，可是這種自己誇張的趨勢，却仍然使新觀念的發展爲之一籌莫展。」見蘇俄軍事思想。

蘇俄之軍官，尙有無新思想之感，何況以一個自由世界的人看他們的軍事著述，眞是落伍得可憐。但是俄國是有後知後備傳統的人。當他發覺了什麼，他就去準備。所以我們要了解蘇俄戰略觀，不如就它近十年的行動來透視。當蘇俄艦隊因補給古巴飛彈而遭遇甘乃第總統所派遣的艦隊阻截時，蘇俄知道海上自由的重要而開始積極擴充海軍，當毛共正圖竊據聯合國席位之前夕，曾電召季辛吉赴北平時，它發現毛美聯合之深而調轉矛頭對北平並與印度結盟攻東巴基斯坦。當它失去埃及時，它急於建立利比亞、烏干達、安哥拉。當它發現美毛聯合導演越戰和談後，它支持北越打下越南。當它發現在阿拉伯失去許多據點，而又發現安撫美國分化美毛失敗後，而它在阿拉伯惟一據點，敍利亞，岌岌不保的時候，它派遣空軍進駐敍利亞。此外蘇俄還有一本馬克斯遺留下的古老書本，而用在葡語國家引發若干次所謂革命。這些就是它十年來所做的事。繼續馬克斯學說，導演階級革命並加強軍備成爲世界一流軍事大國，而伺機乘隙以與美毛聯合鬥爭。這就是蘇俄新戰略景觀。

第二節　蘇俄外交缺乏吸引力

帝俄時代，俄國的外交還可以，先有英俄同盟，後有法俄同盟。蘇俄一成立，同西歐國家沒有同盟了。當時俄國的外交往往以赤化爲伴奏。所以不受歡迎。可是它的世界革命進行，成績如何？第一次大戰後，德國革命失敗了，匈牙利革命失敗了，西班牙革命失敗了。渠所支持的能夠建立赤色政權的只有狄托與毛酋，但是狄托反蘇了，毛酋反蘇修了。後來蘇俄察覺革命輸出完全失敗，一變而放棄革命輸出；可是對埃及外交仍然失敗了。蘇俄外交失敗最慘的，第一對毛共，第二是對埃及。如今埃美、毛美的二重聯合，正在要蘇俄的命咧，瞧吧！蘇俄並未向埃及作革命輸出，爲什麼，俄埃關係又破裂呢？據說俄埃合作由俄國在埃及投下卅億美金建基地，據說凡埃及軍官進入該基地要持蘇俄顧問所發的通行證。埃及人如何無反感。第二，當以色列的戴陽揮軍渡過運河包圍蘇彜士城時，俄國集團理應出兵予以驅退，但是這時蘇俄按兵不動，致使埃及接受城下之盟。埃及對蘇俄一點可靠感都沒有，所以埃及纔決心擺脫蘇俄，蘇俄每以世界革命爲宣揚，那末五十年來，蘇俄的世界革命有何收獲？這還不夠教訓嗎？人與人間相處，非兄弟之親，即朋友之誼，能共享安樂共禦患難此乃人之常情，亦卽交結盟友之道。如果沒有盟友，又怎能不敗呢？

第三節　毛酋刺激與俄毛的關係

毛酋不但與蘇俄分裂大罵蘇修，而且進一步美毛聯合以與蘇俄鬥爭。（毛酋運用越戰與其它隱形戰獲得美國）自從美毛聯合以來蘇俄在中東着着失利，尤其在上一次以色列進兵渡過運河，美國隱形戰技運用之巧，與受困於越南之美國判若兩人。其戰略究由何來？不能不令俄人懷疑。何況其戰爭之爆發恰在季辛吉經由北平飛以色列之後。如果以毛酋之謀借美國之力以圖蘇俄，則蘇俄必將日却百里，小則以敗，大則以亡。阿拉伯國家以前接近美國者僅爲沙烏地與約旦；其餘或直接親俄，或由親埃而間接親俄。往日情形蘇俄在中東佔絕對優勢。但至目前，親俄者僅敍利亞一國。故美國目前在中東佔絕對優勢。中東回教國家人口一億以上，爲歐亞非三大洲橋梁。而且又是世界重要石油產地。其爲世界重要戰略地區，毫無疑問。此一戰略地區之易手關係非輕。蘇俄受此刺激，內心之悲憤可想而知。然更重要者乃美毛聯合之程度。美毛之聯合如僅係一時之互相利用，則事過境遷，環境改變，美毛之親密往還亦將改變。可是觀美國兩屆總統兩次親往北平拜訪，以及美毛建交之廣泛深入美國人心，則其關係非比等閒。究竟是什麼關係呢？是爲越戰呢？越戰已經過去了。如以國與國之間互相利用言，則毛求美者多，美求毛者少。重心應在美，但觀1971年以來美毛往還不類重心在美，而類重心在毛。舉世人都為此而憂心忡忡。如果進一步追問：在美毛交往之中，毛何以贏得重心在握呢？則更令人不寒而慄。何況蘇俄首當其衝？！總而言之，由毛俄分裂至毛美聯合，在這十年的隱形戰中，蘇俄這一回合是打敗了。

就俄毛關係言，蘇俄對其強大的鄰國不會安枕，北平亦然。有人說毛俄究竟是同一主義的國家，而且赤化世界之目標相同，他們不會火併。這完全是不瞭解歷史。正因他們都想推動赤化世界，所以他們鬥爭必更激烈；這正如古代大家都想當皇帝所以死併。他們之所以未至作戰者，不過因為各有核子武器，誰也不敢動手罷了。

第四節　蘇俄目前的對策

蘇俄在1971發現美毛深密交往以後，採取兩種政策，一方面在外交方面撫美壓毛。另一方面加強軍備以自衞。自從埃俄決裂以後，蘇俄似乎知道撫美已無用，一變而為決心以一併二。故助北越攻下越南，又派空軍進駐敍利亞。拿下安哥拉，凡此皆顯示蘇俄不惜用武力以一敵二的決心。布玆涅佐夫本年掛帥了，這不能說是平常之事。同時蘇俄宣佈歐洲共黨不受蘇俄控制，此舉既有當年解散第三國際意味，復有全面展開對歐洲加強共黨革命的慾望。凡此蓋因蘇俄自知狡詐善變不及毛酋，不如採此簡單的戰略。此皆為蘇俄主觀措施。但如果就客觀說，蘇俄究竟敵不過美毛聯合的力量。（最近美國的軟弱，不過是在大選年的軟弱。一到大選過後美國就不一樣了。）今後俄如動手對毛美，其地點必在美毛不能合作的地方—印毛邊境、越泰邊境、南美、非洲。毛美如動手對俄必在中東，尤其是敍利亞與利比亞。（當然南北韓與臺灣海峽也是世界戰略敏感地帶。）不過世局有兩個可變因素，其一，美國未來的總統是何許人，其二，毛政權有無內變。

最後歸結一句話，蘇俄是具有死叮不放的根性。蘇俄今日以「惟武力主義以一鬥二」為主，而以世界革命為輔。這種以惟武力主義決心一鬥二，倒也可怕。因為美國到底還是一個民主國家，目前還不會為北平賣命吧!?而毛共內裡一大把變亂的火種，是短期內無法解決的。可是毛酋善變，在蘇俄的勁頭上，毛酋會採取一些安撫政策，以導誤蘇俄決策。孫子所謂：「敵暴綏之，」毛酋是理解的。所以今年毛酋釋放在新疆邊境擒獲的四蘇俄人。這就是毛酋綏撫的信號。蘇俄會上當嗎？蘇俄雖是後知後備，但不是不知不備。毛酋已經教訓蘇俄若干次了，它能不知道嗎？據一般報導，北平的建軍進度表，到1980年就無畏於蘇俄；所以時期一長就對蘇俄惟武力主義不利。而毛之綏撫信號無異暗示，在短期內毛共畏懼蘇俄武力。所以毛共釋放四俄人，只可嚇唬美國選民，「你們再不聽話，我就親蘇了。」，而不能改變俄國戰略。至於蘇俄繼續赤化世界政策，是對共產集團表示放棄控制與堅決支持以與毛酋之出賣北越相對照，而企圖逼毛酋出國際共產社會之外。這一着棋倒是相當凶，毛酋無法還手。毛酋與美國親密必然爲許多共產國家疏遠。如果又掌握不住美國而讓美國在退出越戰後滑掉，則毛酋將兩頭落空。以毛酋之老辣，會如此決策嗎？此乃世界明哲之士之所留心的。毛有什麼把握與美聯合呢？美國如果滑掉，則毛必敗於俄。所以美國今年大選後的政策對毛俄勝負之分乃關鍵事態。毛俄會安靜地等待到美國新總統上任嗎?寫至此處，我想把蘇俄現在與未來的戰略作一總結：

⑴自俄埃絕裂後，蘇俄放棄撫美壓毛的戰略。而改爲藉武力以一敵二爲主，而加強其所謂世界革命爲輔。

⑵俄國雖藉武力以一敵二，但是在其內心仍有差別。俄國對美以守爲主，對毛以攻爲主。

⑶毛之要害地區，而爲美國國力所不及之地區將爲俄國攻勢矛頭所指之目標。中印邊境、泰越邊境尤爲此類目標之首。

⑷蘇俄以一敵二之戰略乃一時不得已之戰略，不可長久。故其下一步棋，（可能已在暗中進行）必在打破美毛聯合，那就要對美採隱形戰。目前四個月，美國大選緊張階段，爲毛俄性命交關的骨節眼，故飽含危險性。

⑸蘇俄對毛之進攻，必然配合反毛勢力。如以戰略理論言，蘇俄急需爲反毛勢力尋找支援之通道。而其攻擊坡之強弱與明暗，需視大陸內變的情況而定。

⑹蘇俄積極建設西比利亞以充實其在對毛之力量。

第五節　最具危險性的四個月

正當要結稿時，接到本日（八月六日）聯合報。其第四版登載兩則消息：

「俄在利比亞

傳集結重兵

海格籲盟國擴充海軍

（合衆國際社開羅五日電）

中東通訊社今天說，蘇俄已在利比亞集結成千的坦克、裝甲車與大砲，且蘇俄的米格二十五噴射戰鬥機也從的黎波里附近的機場起飛，進行偵察任務。

該通訊社說，利比亞各港口供蘇俄地中海艦隊使用的海軍設施也經擴展。

它引用倫敦外交人士的話說，蘇俄在利比亞沙漠集結的武器與物資，足以裝備一支六萬人的軍隊。

（合衆國際社義大利蓋塔五日電）

歐境美軍司令海格將軍今天說，如果蘇俄繼續擴充他們的艦隊地中海的軍事情勢可能變得令人担心。

海格在「美利堅」號航空母艦上舉行的第六艦隊新舊任指揮官交接儀式中致詞時說，北大西洋公約組織國家對抗蘇俄擴充的唯一辦法是擴充他們自己的艦隊。」

「鐵原東北停戰線上

南北韓軍發生槍戰

雙方互指首先開槍

（合衆國際社韓國版門店五日電）

南、北韓軍隊，今天沿着一百五十一哩休戰線東段打了一場槍戰。雙方都沒有報導傷亡。

槍戰於上午九時四十五分發生於鐵原東北約二十五哩處。鐵原在漢城東北四十五哩。

在事件發生後一小時四十五分，韓國軍事休戰委員會在休戰村舉行第三百七十八次會議，聯合國指揮部與北韓均在會中提出有關這次事件的報告。

聯合國指揮部發言人、美國海軍少將傅魯登說，一個北韓邊界哨所首先用機槍向一個聯合國指揮部觀測哨開火，挑起這場槍戰。幾分鐘後，同一北韓地區又射擊數發子彈過邊境，據云，它是八七毫米的無後座力步槍彈。

傅魯登說，駐守指揮部哨所的韓國士兵「再次採取防禦性行動」，他未予詳述。

與會的北韓代表團團長、陸軍少將韓祖寬（譯音），則譴責韓國首先射擊。」

第一則新聞證實我以上對蘇俄當前戰略的估計的正確性，不過俄國這一措施一方面表示決心以武力一敵二，另一方面更有防禦美國大選未結束前有對外的突變。俄國人是死叮着不放的，第二則新聞是表示世界局勢對美大選的敏感性。眼前四個月—世界最具危險性的四個月，是俄毛生死交關的骨節眼。

結尾　美毛俄角逐下小國自處之道與我國自救之方

處在這所謂超級大國強暴角逐之下，許多小國無不惴惴不安；其實這是不必要的。大國之對立，等於小國；小國之合群，等一大國。今日小國群應尋求一廣泛的默契之方）大國之負担大，如無謀，則其自我之毀滅性大。小國之負担小，如有謀，則亦綽有餘裕。君不見歐洲六國共同市場乎。以新自灰燼中爬起來的法德聯合數小國，綽有餘裕地生活在世界暴風雨中三十餘年，而且有越來越看好之感。西歐人眞是黑暗時代中之智慧明星。（當然不是天眞的想再弄一個共同市場）人謀最主要，人材最重要，勝負決於有無先知的戰略家。不知此者大亦亡，小亦亡；知此者大亦興，小亦興。天下不患無先知的戰略家，但患有而不見用。滄桑滿眼話興亡，得人者昌，失人者亡。興亡之關鍵在此啊！自古迄今，好戰者必亡，最佳的戰略家不在製造戰爭，而在消滅戰爭製造和平。天下之苦戰爭威脅久矣，美蘇之苦戰爭負担深矣，好戰亂者一小撮人，這是明顯的事實，也是締造世界和平的客觀背景。當前締造和平的客觀條件遠比第一次大戰以來任何時期爲成熟。何以故？第一次大戰後，日本未受創傷，而且利用別人創傷蠢蠢思動；第二次大戰，蘇俄想利用毛共乘中國之弊；韓戰時，俄毛挾其方張之勢乘歐亞疲弊之餘與美國復員之後；越戰時，天時地利於美國不利；惟有今日，大陸反毛勢力拖住毛共，而毛酋日薄西山，俄毛分裂，美俄亦精疲力倦。僅毛共一小撮人挾其狡技播弄世界，作垂死掙扎。今日消除這一小撮好亂者，而締造廿年之和平，在戰略上說如反掌折枝之易。筆者在五十五年時卽預見今日之情況。以今日之交通工具言之，地球不過用馬時代之一縣而已。往日一縣之問題，二、三士紳可談笑而解決，今日世界之問題，如國際士紳能醒覺，亦可談笑而解決。惜乎今日之國際士紳，並未解此；而吾等又非國際士紳，故徒喚奈何。有人言，「今日國際事務爲國際士紳當作飯碗把持，」果爾，則今日之世界痛苦之未解除，是不爲也非不能也。吾人今日必需以救世爲救國。把握世局契機，而謀復國之道。救國與救世，理乃一致，事出一軌。我國目前以武力論雖勢力微弱，但此事並不需運用武力，果能將謀略、人事、金錢、運用得當，則救世自救可收立竿見影之效。時乎，時乎，不可失！

我們當然要知道，蘇俄與毛共都不是希特勒一樣的冒險家，熱核子武器時代也不容許有希特勒式的冒險。但是，這也不能意味，毛蘇的對立不趨尖銳化。我們要知道在熱核子武器時代，蘇俄的戰略觀念有一基本變化。這一變化就是蘇俄不能像以往一樣的等待與後發。在拿破崙時代，在第二次大戰時代，俄國可以等待拿破崙，希特勒先發而後應之。在今天，熱核子武器時代，如果後發則必敗。關於這一點在蘇俄戰略著作裡有普遍的體認。所以在今天爭取地球戰略與地球戰略地區之優勢，乃彼等刻不容緩之事實。當誰失去戰略優勢與戰略地區優勢，而不能爭回時；誰就面對一個最不幸的選擇：「發動自殺性的核子戰或投降。」中東地區就是蘇俄不能失去的地區，現在已失去一大半了。毛美聯合就是蘇俄所不能忍受的戰略壓力。蘇俄必需想辦法爭回。可是如果美國中立，則毛共又將陷於絕對不堪承受的孤立與危殆。而美國本身好像還在渾沌不自覺狀態。這些就是當前世局的焦點，也是世界戰略的焦點。—爭鬥勝負的焦點。這一焦點的爭鬥的背面將隱藏世界「和」「戰」，與毛共一小撮人的存亡。世局已經達到十字路口，自由世界的政治家將要做些什麼？

中華民國六十五年八月六日脫稿